The Book of Vanishing Species

The Book of Vanishing Species

陈　阳——译

正在消失的物种

〔英〕比阿特丽斯·福歇尔——绘著
Beatrice Forshall

社会科学文献出版社
SOCIAL SCIENCES ACADEMIC PRESS (CHINA)

献给罗米利

献给我的父亲母亲

感谢你们

并以此书纪念那些已经消失的物种

我想说，

我们每个人与周遭的一切事物都存在着

千丝万缕、牢不可破的联系，

而我们的尊严与机遇是紧密相连的一体。

极尽遥远的星辰与我们脚下的泥土同属一个家园；

我们只对某一种或几种事物尊崇有加，

却对其余的一切毫无敬意，

这既不合情也不合理。

松树，

花豹，

普拉特河，

还有我们自己，

抑或共同面临危险，

抑或共同构建可持续的世界。

我们就是彼此的宿命。

——玛丽·奥利弗，《冬日时光》，1999

目　录

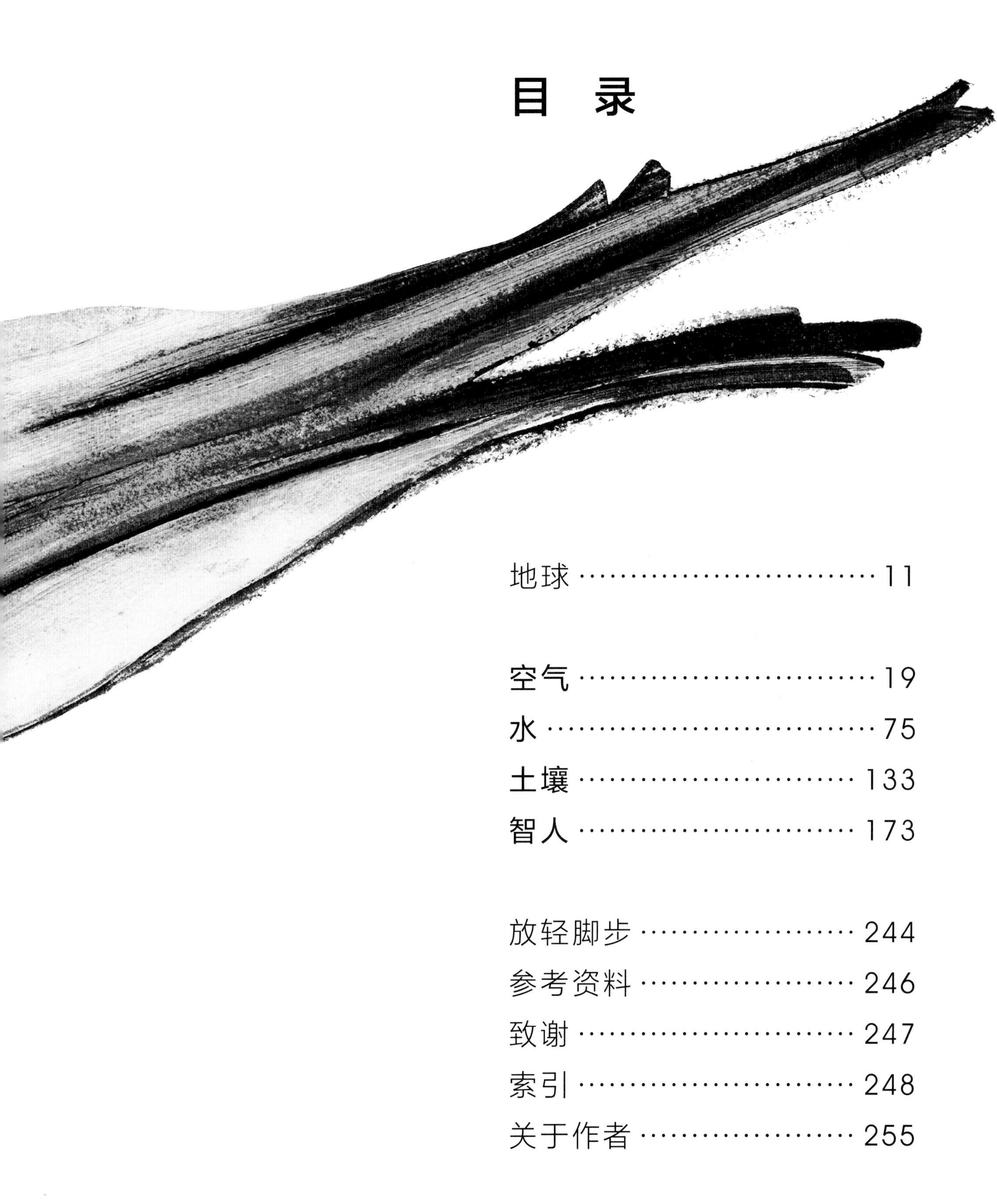

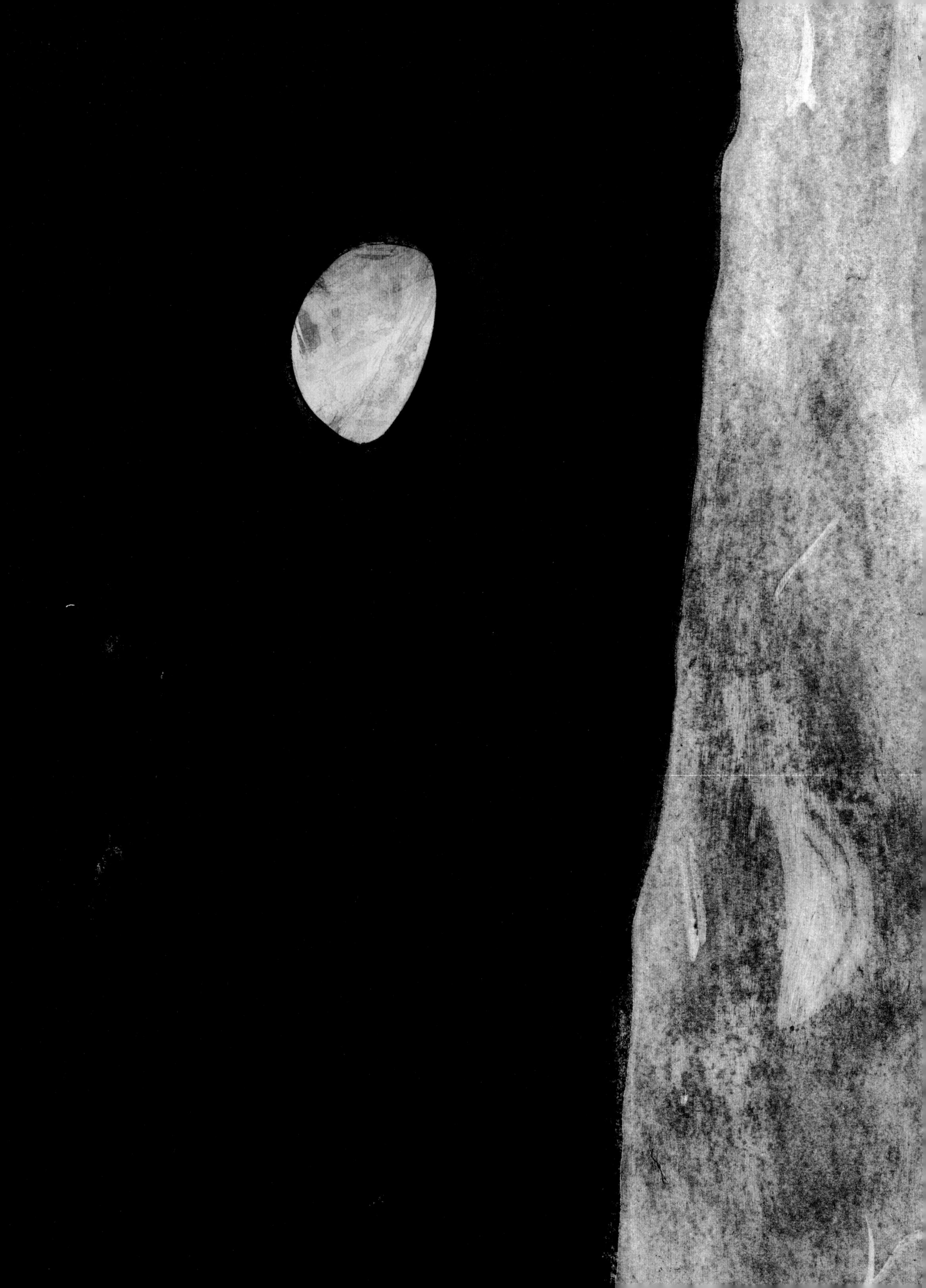

地　球

太空飞船内，噪声此起彼伏：电力设备的嗡嗡声，金属件相碰的叮当声，无线电受到静电干扰的吱啦声。时而有笑声响起，但更多时候是镇定的、毫无情绪的技术信息交流，确认各项数据、开关的状态。在过去的 75 个小时里，他们几乎没有睡觉。而他们与零下数百摄氏度的黑暗之间，只隔着薄薄的金属板。

他们以将近每秒 1 英里的速度在太空中疾行，这是他们绕月飞行的第 4 圈，而他们一共要在 20 个小时内沿该轨道环绕 10 圈。此刻，他们正在逐渐远离月球背面，博尔曼开始旋转飞行器。就在此时，它闯入了视野：一条明亮而纤细的蓝色弧线，地球，低悬在月球蜡灰色的地平线之上，从远方冉冉升起。起初，宇航员们并没有注意到它。

以下对话发生在 1968 年 12 月 24 日，开始于阿波罗 8 号航天任务的第 075 时 46 分 47 秒：

安德斯（正在拍摄月球表面，寻找潜在的着陆点）：那里有一个深色的坑，我没来得及看清它是不是火山形成的……

安德斯：哎呀，我的天！看那边！是地球升起来了。哇，真是太美了！

博尔曼：嘿，别拍那个，计划表里没有。（大笑）

安德斯：（大笑）你有彩色胶卷吗，吉姆？

安德斯：把那卷彩色的递给我，你能不能快点……

洛弗尔：我的妈呀，太漂亮了！

安德斯：……快点，快快快。

博尔曼：天呐。

洛弗尔：是在下面吗？

安德斯：赶紧给我彩色胶卷。看外面的颜色。

安德斯：快点呀！

博尔曼：有了吗？

安德斯：快了，正找呢。

洛弗尔：C368 行吗？

安德斯：都行都行，快点就行。

洛弗尔：给。

安德斯：哎哟，我们可能错过了。

洛弗尔：嘿，这里能看到！

安德斯：让——让我去窗户那边拍。那边清楚多了。

洛弗尔：比尔，我取好景了；这里看得很清楚。

“地球升起”的两张彩色照片中的第一张拍摄于075时48分39秒。

洛弗尔：你拍到了吗？

安德斯：拍到啦。

博尔曼：不错，再拍几张吧。

洛弗尔：再拍几张吧！来来，快给我。

安德斯：等一下，让我们先把参数调好，好嘞；先冷静一下。冷静一下，洛弗尔。

洛弗尔：好，我拍到了——嘿，这张拍得真好……1/250秒，f/11。

这就是他们带回的影像。多彩而明亮的地球在颜色单调的月球旁边熠熠生辉，孤悬在宇宙的虚空之中。在这张照片里，你可以看到闪闪发亮的海洋和旋涡状的云层。透过海与云之间的缝隙，还可以辨认出棕色和绿色交织的非洲。即使在376000公里之外遥望，这个星球看起来也充满活力与生机……

他们此行的目的是探索月球，却带回了地球的影像。我们这颗行星最初的几张照片十分模糊，只有整体中的局部；这是第一次有人拍下地球与月球同框的彩色照片。它展现出这个星球是多么美丽，多么脆弱，多么孤单，又多么独一无二。在比黑夜更黑的无限黑暗之中，它就这样浮现。

1968年，人类已经清楚水分子在这张照片里的冰层、海洋和云团中所走过的旅程。此后，人们又发现这些蔚蓝的海洋能够产生大量氧气，也能吸收大量二氧化碳。这些循环将所有生物联结在一起。太阳的光和热是持续不断的能量源泉，地球生物圈以此为燃料，构成了一个不断自我更新的生命系统，在过去 30 万年里表现出不可思议的稳定性，直到不久之前。

阿波罗 8 号拍摄这张照片的那天是平安夜，宇航员们朗读了《创世记》中描述世界诞生的经文，以下面这句结尾：“‘神称旱地为地，称水的聚处为海。神看着是好的。’◆我们是阿波罗 8 号上的宇航员，最后，祝福美好地球上的所有人，祝你们晚安，祝你们好运，祝你们圣诞快乐，愿上帝保佑你们所有人。”

在我创作本书的 18 个月里，有 107 个物种宣告灭绝。

灭绝在进化中确实有一定的作用，但是有观点认为，当前的物种灭绝速度比人类存在之前加快了 1000 倍。对于每一个物种而言，死亡是生命周期里的必要一环；而灭绝则是整个周期的终结。我们大肆破坏，却不知道我们所破坏的事物有多么珍贵，或者更恶劣的是，我们完全清楚这些事物的价值，却依然将它们摧毁殆尽。

在我还是个孩子的时候，我们家附近的田野里生机盎然，草原鼠尾草、婆罗门参、三叶草、毛茛、碎米荠、黄花九轮草和蒲公英蓬勃生长，昆虫的嗡嗡声此起彼伏。那时，四季依旧界限分明。而此时此刻，我窗外的黑麦草地里没有一朵花。在草地边缘，钝叶酸模在除草剂的作用下扭曲变形。除了数英里外高速公路的噪声，周围几乎没有任何声响。燕子不再来访，我们也再听不见杜鹃的啁啾。乌鸦在田野间拍打翅膀。夜空中的群星黯淡无光。

我们正在剥夺诗歌创作的原始素材。因我们而濒危的物种无比脆弱，而它们又无法为自己发声，这两点正是让我想为它们绘制版画的初心。在创作过程中，我被它们的生活、它们的奥秘、它们与我们的差异和相似之处深深吸引。

我想讲述它们的故事。作为一个没有科学背景的人，我在力所能及的范围内尽力为它们伸张正义，同时也试图让大家看到我们对这个星球的影响、对与我们共享地球的生物的影响。我有幸得到剑桥保护倡议组织（CCI）——该组织由剑桥大学与包括世界自然保护联盟（IUCN）在内的九大领军生物多样性保护组织合作成立——的驻地艺术家资格。在项目驻地，我结识了许多知识渊博、敬业奉献、毕生致力于保护特定生境或物种的人们。

◆ 出自《创世记 1：10》。“神称旱地为地”（And God called the dry land Earth）中的“地”原文为 Earth，在英文中兼有“地球”之意。此处圣经中文采用《圣经和合本》。——译注（书中注释皆为译注，后不再标示）

在本书创作期间

被宣布灭绝的部分物种

1946 年，在生物学家和博物学家朱利安・赫胥黎（Julian Huxley）◆ 的领导下，刚成立不久的联合国教科文组织（UNESCO）激进而充满活力。赫胥黎同联合国教科文组织发起创办了世界自然保护联盟，该组织当时的英文名称为 International Union for the Protection of Nature★。联盟最早的行动之一是于 1949 年 8 月在成功湖召开会议，起草了一份包含 13 种鸟类和 14 种哺乳动物的名录，都是被评定为“濒危程度值得各国政府关注”的物种。

在这些物种里，北非猖羚和塔斯马尼亚虎（袋狼）或许已经灭绝。至于爱斯基摩杓鹬，在 1939 年之后，人们也再没有在这种鸟类的越冬地见过它们。这份初始名录上的 27 个物种中已有 5 个被宣布灭绝，还有 2 个大概率已经灭绝。有 8 个物种的数量仍在持续下降，还有 8 个物种正逐渐恢复元气——不过仍被归类为易危、濒危或极危物种。

1949 年那场会议的秘书让 – 保罗・阿鲁瓦（Jean–Paul Harroy）指出，无论保护野生动物的法律有多严格，只要经济刺激足够强大，法律就是一纸空文。濒危物种实在太多，世界自然保护联盟因此在 1964 年创立了《世界自然保护联盟濒危物种红色名录》。到 2020 年底，该名录已评估了约 128918 个物种▲，其中超过 37000 个物种被评为濒危，超过 900 个物种已灭绝，还有 80 个物种处于野外灭绝状态。

对这么多物种进行评估是一项非凡的成就，是数千名研究人员的工作成果。本书中的生物大都已被列入《世界自然保护联盟濒危物种红色名录》。锈端短毛蚜蝇和长尾蜉蝣是两个例外，原因在于，尽管无脊椎动物是生命王国中数量最多的分类之一，但也是最不受重视、最缺乏研究的有机生命。本书中有些物种一度数量锐减，不过经过保护，目前正在逐渐恢复；但也有许多物种如今完全依赖于人类的保护，比如鸮鹦鹉。

阿鲁瓦在记录 1949 年的那场会议时指出：“所有现象其实都可以汇总为一种现象”，因此，“任何一个相关因素的骤然变化都会对复杂的整体产生深远的后续影响”。也许直到今天，冻土融化、亚马逊雨林成为净碳排放源的今天，我们才开始真正领悟这个道理。

◆ 朱利安・赫胥黎（1887 – 1975），英国生物学家、作家、人道主义者，出自著名的赫胥黎家族。他曾担任伦敦动物学会会长（1935 – 1942）和第一届联合国教科文组织总干事（1946 – 1948），也是世界自然基金会的创始成员之一。

★ 世界自然保护联盟（IUCN）如今的英文名称是 International Union for the Conservation of Nature，英文 conservation 和 protection 均为“保护”之意。相比之下，conservation 侧重于“减少人为干扰、保持自然原貌”，在某些语境下也译为“保育”；protection 侧重于“防止污染和破坏”。

▲ 截至 2022 年 7 月，评估物种已达 147517 个。

我们面对的是人类有史以来最为严峻的挑战，也是一场我们每个人都可以选择扮演什么角色的大戏。我们可以减缓灭绝的速度，开始逆转我们对这颗行星造成的破坏。人们常说，人类与其他物种的不同之处在于，我们拥有想象未来以及让想法变为现实的能力。想象一个空气洁净、水体清澈，海洋里有鱼游，陆地上有荒野的世界。想象一个我们不必为这些事物忧虑的世界。我们大家都是这个故事中的一部分；人类如何书写下一篇章，取决于我们每一个人。

《地出》(*Earthrise*)拍摄于冷战的高峰期。为了影响力，苏联和美国展开了登月竞赛。阿波罗 8 号的航行任务原本是寻找月球表面的登陆点，而不是给地球拍照。在我们这个物种存在的整个历史中，这个意料之外的瞬间让我们第一次得以看到地球作为一个整体的美。

拍摄《地出》这张照片后 50 年，弗兰克·博尔曼(Frank Borman)说："他们应该送诗人上太空，因为我觉得我们没有充分捕捉到我们所看见的宏伟景象。"

按下快门的比尔·安德斯(Bill Anders)则表示："地球的多彩与太空的漆黑形成了鲜明对比，我们都被地球的美惊呆了。"

而吉姆·洛弗尔(Jim Lovell)在阿波罗 8 号返航之后不久曾说："不离开地球，你根本不会知道它有多美。"

空　气

火车头从远方的树林里疾驰而出，黯淡的太阳散发出雾蒙蒙的光线，让火车头显得有些模糊。蒸汽和烟气从引擎高耸的黑色烟囱里升腾而起，与云、雨融为一体。锅炉内部发出无比炽热的火光，我们甚至可以透过火车头的铁皮和滚滚煤烟看到那微光。污浊的煤烟笼罩桥身，让泰晤士河草木繁茂的两岸变得污渍斑斑。整列火车和整座桥梁仿佛都是浓烟幻化成的实体，而云朵和天空则是蒸汽幻化成的实体。在约瑟夫·马洛德·威廉·透纳（J. M. W. Turner）的画中，我们可以看到这列火车头在未来将驶向何方。它被深色桥栏固定在那里，车身下的轨道已经预言了它的方向。

1840 年，也就是透纳创作这幅《雨、蒸汽和速度》（*Rain, Steam and Speed*）画作的 4 年前，全世界共燃烧了 356 太瓦时（合 356×10^9 千瓦时）的化石燃料。这种能量是古时的阳光，也是新生的工业社会的基础。到 2019 年，这一数字已飙升至 136761 太瓦时。

在过去 30 万年里，大气中的二氧化碳含量曾数次上升和下降，其空气浓度峰值在百万分之 300 左右，直到近期才有所改变。2020 年，空气中二氧化碳的平均浓度达到了百万分之 413.2，增幅近 40%。二氧化碳将热量“困”在大气中，导致海洋变暖，引发气候变化。

经过数百万年，埋在地下的植物里的碳在地壳中逐渐积累，便成了我们如今挖掘和燃烧的物质。我们不仅在焚烧今天的森林——刚果河流域、亚马逊河流域、澳大利亚和印度尼西亚的森林——也在燃烧数百万年前的森林，同时将森林中的碳排放到属于子孙后代的大气中。

能够制造氧气、吸收二氧化碳的，
或者直接受到气候变化影响的，
正在消失的物种

浮游生物

深吸一口气。

你刚刚吸入肺部的氧气，有一半都是由浮游生物制造的。

打开你的冰箱看看，如果里面有海鲜，它们也来自浮游生物。

现在，坐进你的车里。为发动机提供燃料的石油也是由浮游生物制造的。

如果从海洋中舀一茶匙海水，放到显微镜下观察，你可以看到许多尺寸和颜色都千差万别的形体，可能足有数百万之多，其中大部分呈半透明状。有些是小小的球体，有些是长着柔弱触手的圆柱体，有些是内含圆形的正方形，有些是内含正方形的圆形；有些是三角形或矩形；有些是盘绕的螺旋体，或满身刚毛，或呈弯钩状，或长有褶边；有些像椭圆的花环，像手风琴，像“之”字形的针脚；有些从锥形身躯中伸出触须；有些像雨伞，像十字弩，像镰刀，像铃铛，像扇子；有些是身后拖着纤薄面纱的桶状物；有些则呈珠宝一般的六棱柱状；还有些像飞镖和小小的太阳。你可能会以为自己不是在用显微镜观察一勺海水，而是在用望远镜凝望浩瀚的星河——凝望星系、宇宙飞船和外星生物栖居的星球——产生这种想法完全情有可原。不过，浮游生物确实是这个世界非常重要的一分子。我们依赖它们。

35 亿年前，当地球上初现生命的曙光时，浮游生物的祖先就已经存在。原始大气中的成分主要是甲烷、氨气、氮气和二氧化碳。早期浮游生物能够在这种缺乏氧气的环境中生存。它们是最早进行光合作用的生命，在

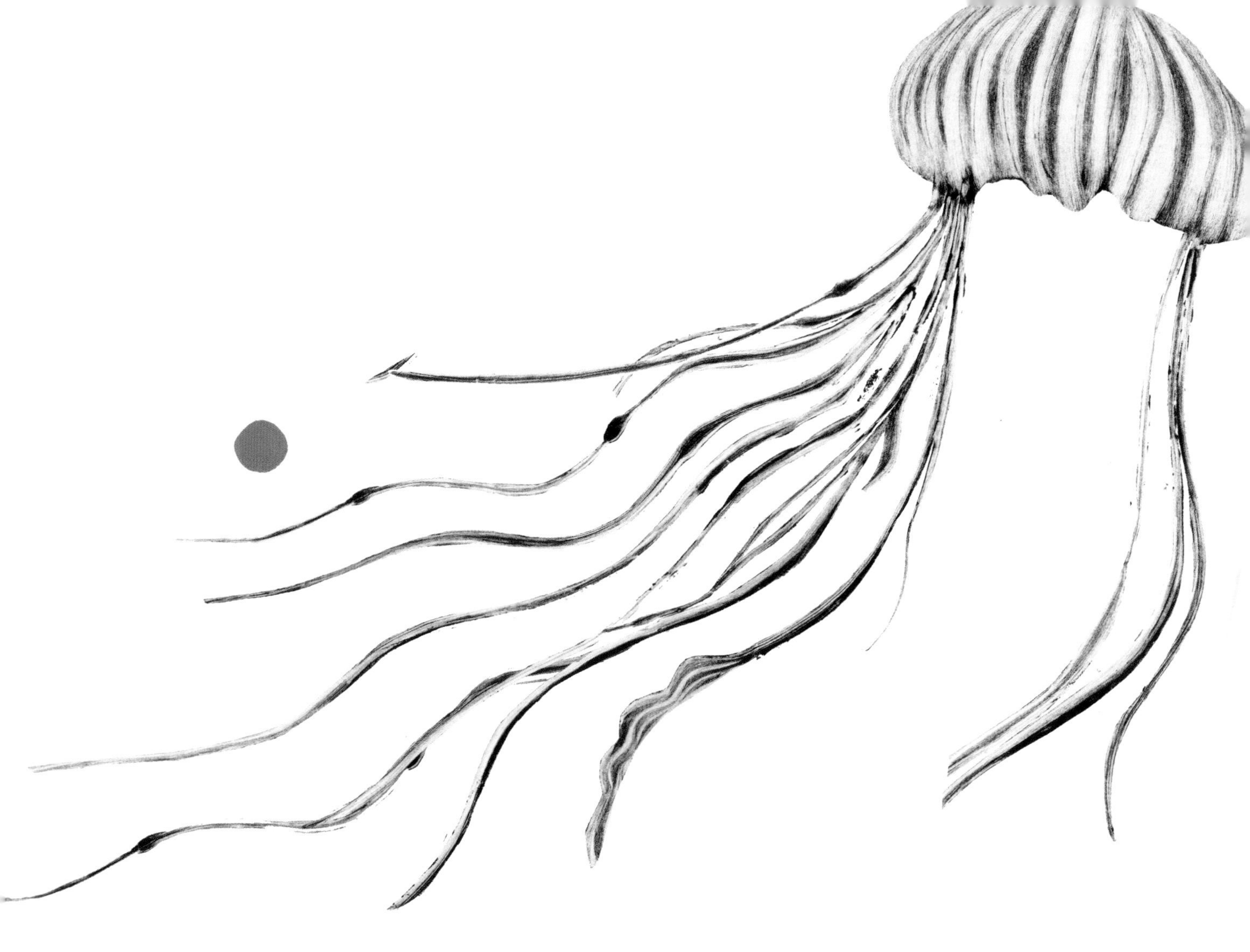

数十亿年的时光里，它们吸收二氧化碳并将其转化为氧气，为其他生物的出现创造了可能。

在水中，浮游生物漂浮不定，旋转腾挪，像幽灵一样徘徊、滑动，玻璃般的身体荧光闪烁——如心跳般一闪一闪的粉红色、紫色、蓝色和橙色。它们是水中的漫游者，随洋流漂动——浮游生物（plankton）这个词来自古希腊语 planktos（*πλαγκτός*），意思是“漂流者”。鱼类、海星、鱿鱼、虾、海胆、乌蛤、牡蛎、螃蟹和藤壶的幼体在有能力游泳之前也属于浮游生物。所有浮游生物加在一起，占地球水生生物总量的 98%。

浮游生物主要有两大类。浮游植物属于植物。大多数浮游植物需要用显微镜才能看见，但在某些条件下，它们会大量繁殖，数量多到在太空中也能看见它们聚成的整体。我们制造的二氧化碳中约有 1/4 被海洋吸收，而其中大部分被浮游植物用于进行光合作用。地球上 50%－80% 的氧气来自海洋，这相当于所有陆地植物和森林产生的氧气的总和，而一种超微型浮游生物——原绿球藻（*Prochlorococcus*）在这一过程中发挥了关键作用。

浮游动物则属于动物：海蝴蝶、叶须虫、球栉水母、海天使、糠虾、箭虫、水蚤、栉水母、磷虾、纽虫和巨狮鬃水母都属此类。它们以浮游植物和其他浮游动物为食，自己又成为鲸类和鱼类的食物。在每晚上演的地球上最大规模的集体迁移中，浮游动物从深海浮起，来到海洋表面觅食，黎明时分再返回深海。它们的体形差异巨大，从头发丝直径的几分之一到 50 米长不等。管水母是世界上最长的动物，有些甚至比蓝鲸还要长。

浮游动物的外壳和骨骼中的碳酸钙形成了石灰岩。

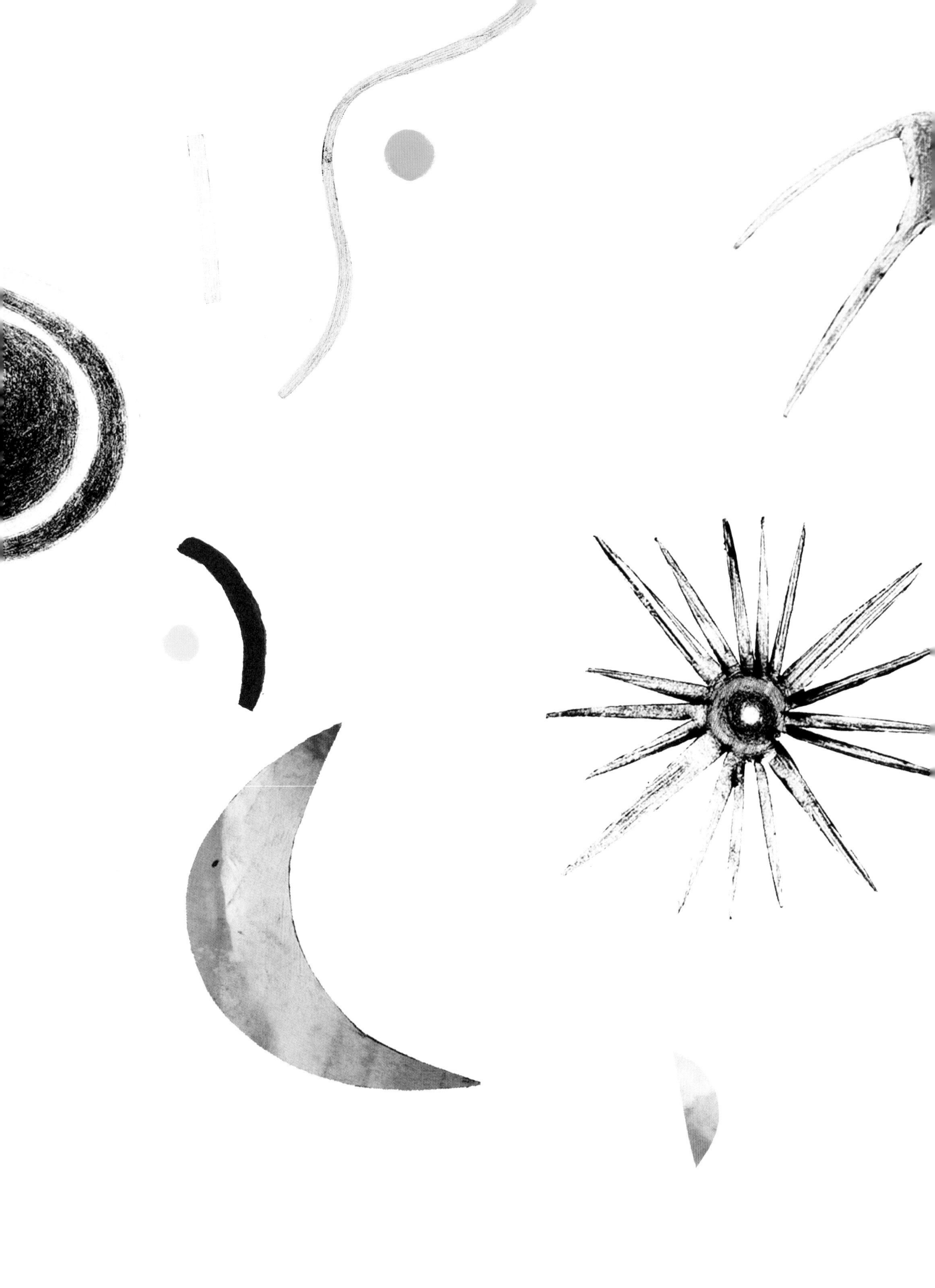

数百万年前的地壳移动将这些岩石带到了地表。如果没有浮游生物，就不会有金字塔，不会有万神殿，也不会有圣保罗大教堂。它们的排泄物、腐烂的尸体连同其中所含的碳一起沉积在海床上，然后经过数百万年形成了我们所燃烧的天然气、煤炭和石油。在不久之前，活着的浮游生物还能吸收掉由此所产生的二氧化碳，但是如今，我们燃烧它们祖先的速度实在太快，已经超出了它们通过光合作用吸收二氧化碳的能力。二氧化碳过多不仅导致全球变暖，还使海水的酸性变得更强。变酸的海水正在腐蚀浮游生物的外壳。

————

浮游生物对于这个孕育我们的世界的诞生功不可没，就连它们的遗骸也有助于维持我们赖以生存的生物圈。在北非，昔日浮游生物的沉积物如今化为尘土，为亚马逊河流域提供着养分。位于撒哈拉南部边缘的博德莱洼地曾经是一片湖泊，现在却是全世界最干旱的地区之一，曾在那里生存的浮游生物的残骸至今还留在那里。每年，吹过沙漠的信风将这些尘土带到高空，飘扬的尘土会在数天之后在亚马逊河流域降落。尘土中所含的磷几乎相当于因雨水冲刷而失去的磷。

磷虾以浮游植物为食。有些浮游植物的细胞壁内含有二甲基硫化物（DMS）分子，在分解过程中，这种化学物质被释放出来，赋予海洋独特的气味。二甲基硫化物升腾到大气层中，在光的作用下发生化学反应，形成云朵。浮游植物便以这种方式为地球降温做出了贡献。二甲基硫化物的气味也是海鸟的向导，帮助它们找到以浮游生物为食的磷虾。以磷虾为食，再排出粪便，海鸟在此过程中既保护了吸引它们前来的浮游生物，又为浮游生物提供了营养丰富的养料。

每年有超过 800 万吨塑料被排入我们的海洋，随后分解成微小的颗粒。在某些地区，海水中微塑料的数量已是浮游生物的 6 倍。

浮游生物吃下塑料，鱼吃下浮游生物，而我们吃鱼。据估计，如果按重量计算我们通过食物和水摄入的塑料，相当于平均每人每周吃下 1 张信用卡；如果将我们通过呼吸摄入的塑料也包括在内，这个数字很可能还要再增加 50%。这些塑料微粒中有很多都含有有毒的化学物质，比如邻苯二甲酸酯和双酚 A（BPA）。这两种化学物质都被用于食品包装的制造，且都与生殖激素相类似，因此会降低生育能力。邻苯二甲酸酯会增加早产、排卵失败和流产的概率；它们会阻碍儿童大脑的发育，还可能与乳腺癌存在关联。另外，塑料中的化学物质还会妨碍原绿球藻的生长，损害它们光合作用的能力。

浮游生物是位于生物链底层的、微不足道的小生物，但它们的表现十分英勇——吸收碳，产生氧气，为我们的食物提供食物。要想让它们像过去数百万年间那样继续慷慨地奉献，我们所需要做的就是照顾好它们的家园。

永远不要以为，你渺小到无关紧要。

巨 杉

Sequoiadendron giganteum

公元 550 年，它落地生根。这棵树的每一圈年轮都代表地球在环绕太阳的轨道上又运行了一周；它们是时间的圆环，是另一种形态的光：1341 圈年轮如涟漪般向外波动，书写着时光的流逝。每一圈年轮都是一个化学印记，记录着光、空气与水的联合作用。这棵年幼的巨杉在加利福尼亚州内华达山脉的西麓生长，克里斯托弗・哥伦布在将近 1000 年之后才会踏上美洲，在他之后再过 3 个世纪，定居者们才会发现这棵树，并最终在 1891 年将它砍倒在地。

它从一粒只有燕麦片大小的种子开始，逐渐成长为这个星球上最庞大的有机生命之一，高度超过 100 米，直径达到 5 米。1000 多年来，它捕捉光线，吸收二氧化碳，释放氧气，为一代代蝙蝠、鼯鼠、蝾螈、蛙、萤火虫、甲虫、老鹰、蜘蛛和蚂蚁提供栖身之所。砍倒这棵历时 1341 年长成的大树只用了 8 天；这棵名为“马克・吐温”的巨杉原本还能再活 1500 年。许多巨杉的处境与之相似，被人砍倒在地，沦为栅栏柱、葡萄架、露台上的家具、铅笔和火柴棍。其他部分则在轰然倒地时摔得粉碎，被丢在那里静静腐烂。它们曾经生长的地方成了日后大名鼎鼎的巨桩林地（Big Stump Grove）。有一棵巨杉的树桩被改造成舞池，砍倒的树干则成了保龄球场和酒吧用料。近 170 年后，它仍然吸引游客纷至沓来。

1891 年，也就是巨杉“马克・吐温”被砍倒的那一年，一头蓝鲸在爱尔兰东海岸搁浅。它长达 25 米的骨架被伦敦自然历史博物馆买下并取名为“希望”。时至今日，它仍然悬挂在馆内，正对着“马克・吐温”巨杉的横截切片。自 19 世纪末至今，蓝鲸的种群数量至少缩减了 94%，森林覆盖率则下降了 58% ——这两大损失都削弱了地球吸收二氧化碳的能力。

巨杉在冰与火中诞生。它们的球果在极致的高温下

打开，将种子释放出来。烈火将地表可能与之竞争的植物一扫而光，同时增加土壤的肥力，也让阳光能够照射到种子。它们将在大火之后的灰烬里生根发芽。布满深沟的厚树皮可以阻挡火苗和钻树皮的甲虫。在巨杉基部，树皮的厚度可达 90 厘米。

在这棵巨杉的一生中，内华达山脉的降水在一年里有 4 个月都以雪的形式落下。时至 4 月，雪开始融化，巨杉的根系将吸收的水分输送到树冠。大多数水分最终将通过树木的气孔——位于叶片下表皮的细微小孔——返回天空，余下的则被大树消耗在光合作用中。雪能够将水分储存起来，缓慢释放——但现在降雪减少，降雨增多，树木还来不及吸收，雨水便向山下流去。到了夏天，在树木最需要水分的时候，却没有水了。由于缺水，树木会闭合气孔，以防水分流失，但这也意味着它们无法再吸收二氧化碳，如同无法呼吸一般。无法进行光合作用的树木很容易受到病虫害的侵袭。2014 年，部分活着的巨杉的叶片变成了棕色。3 年后，遭到甲虫啃食的树枝轰然落地。这些通常需要数千年才会死亡的大树在短短几年内就失去了生命。我们尽力防范自然界不时发生的火灾，让灌木丛充分生长，可一旦发生林火，火焰反而更加猛烈、蹿得更高，一直蔓延到巨杉高处树皮不够厚的地方。

巨杉曾经覆盖北半球的大部分地区。如今，它们仅存于内华达山脉西部的一段狭长地带内，从未在其他地方重新播种成功。对于它们的艰难处境，我们也感同身受：60% 的加州人同巨杉一样，依靠内华达山脉的降雪来提供水源。

19 世纪 50 年代，第一批巨杉被砍伐时曾遭到公众的强烈反对，这标志着美国环保运动的开始，并且最终促成了美国国家公园体系的建立。与蓝鲸类似，巨杉在危难之际及时得到了拯救，但这或许只是短暂的喘息之机。它们不断变窄的年轮记录了我们对气候变化所做的“贡献”。每年有超过 100 万游客前去观赏巨杉。它们的沉默在向我们诉说自然世界的故事以及我们身处其中的位置，同夜空和孤山一样振聋发聩。

草原西貒

Catagonus wagneri

西貒浑身覆盖着粗糙的长毛。与敦实的椭圆形躯干相比，它的腿显得很秀气。毛茸茸的脸上生着一双黑溜溜的小眼睛，十分讨人喜欢。

西貒是社会性动物。它们生活在没有等级之分的群体中，用咕噜声、咳嗽声、吠叫声和磨牙声进行交流。西貒的胃有两个胃室，胃中的微生物能够分解生长在炎热干燥的查科地区的坚硬多刺的植物。西貒主要依靠强大嗅觉来寻找水果、根茎和块茎等食物。西貒的牙齿上下交错，能嚼碎带有硬壳的坚果。不仅如此，它们还学会了让仙人掌科植物的果实沿地面滚动，从而折断表面硬刺的技巧。它们的肾脏能够分解仙人掌中的酸，这是它们获取水分的主要方式。它们还会在切叶蚁筑起的土堆中寻找矿物质。

查科地区的多刺植物为西貒提供了躲避美洲豹的藏身之所，也让它们得以躲避白天的热浪，在 595 千米的高空环绕地球的卫星想必看不到它们的身影。

从这些卫星的视角来看，查科原本应该是一片绵延不断的绿野——一片从玻利维亚南部穿过巴拉圭西部、一路延伸进入阿根廷的广袤丛林。可是现如今，深绿色的林地中出现了若干米色和黄色的区域。如果拉近细看就会发现，颜色异常的区域由一块块正方形和长方形组成。人们为了获取木材或开采矿藏而砍伐树木，为了种植大豆或饲养肉牛而放火烧毁丛林。这些活动夺走了西貒的家园，也夺走了数千种其他生物的家园。据信，西貒的掠食者美洲豹如今只剩下 250 头。1985 – 2016 年，查科地区被摧毁的土地超过 13 万平方公里，比英格兰的面积还要大。

英国进口的大豆有许多来自南美。在英国，我们食物中所用的豆油在提取过程中使用了己烷等溶剂，己烷会导致神经损伤是已知的事实，而这种物质同铝和镍一样，会残留在食物中。查科地区种植的许多大豆是转基因作物，而且在种植过程中使用了含有草甘膦的除草剂，比如农达，而这类除草剂被认为与癌症存在关联。进口到英国的大豆大多用于饲养牲畜，但同时也是宠物食品、抗生素、清洁材料、水基涂料、聚酯纤维（涤纶）、杀虫剂和修路用的沥青中的成分之一。

1971 年以前，科学界对草原西貒的全部了解都来自化石。被认为早已灭绝的它们在人迹罕至的丛林中进化了 800 万年。而我们在不到 50 年的时间里就让它们陷入了生存危机。

北跳岩企鹅

Eudyptes moseleyi

这种生物究竟为何如此吸引人？在陆地上，它直立身体，以一种拖沓的步态缓慢行走，同所有企鹅一样，它也披着 19 世纪末 20 世纪初欧洲男士常穿的黑白两色正装。

北跳岩企鹅（又名凤头黄眉企鹅北部亚种）的羽冠是所有冠企鹅中最长的。它们的羽冠呈现如昼辉般鲜艳的明黄色，与面部和头部的黑色羽毛形成了强烈的对比。如此夸张的装饰让它们的“穿着打扮”在不经意间流露出几分高傲。

入水之后，北跳岩企鹅的身形就像优雅的叶状鱼雷，冠部的羽毛像赛车条纹一样飞扬，双脚像船舵一样在身后展开。无法飞行的鳍状肢靠有力的肩部和胸部肌肉操纵，比空中飞鸟的翅膀强壮得多。另外，不同寻常的是，这对翅膀在向上和向下拍打时都能提供推进力。在漫长的觅食之旅中，北跳岩企鹅每天要下潜数百次。为了避开掠食者，它们像海豚一样划出充满力量感的优美弧线，从水里到空中，从空中再到水里，在身后留下一连串咕嘟作响的气泡。

北跳岩企鹅在两个极为偏远的岛群上繁殖后代：南大西洋上的特里斯坦－达库尼亚岛、南丁格尔群岛和戈夫岛；南印度洋上的圣保罗岛和阿姆斯特丹岛。它们在海上漂游数千公里，历时 5 个月，只为赶在 8 月将尽时回到繁殖地。它们疾速游向那些岛屿，乘着巨浪跳到或者被巨浪抛到岩石上，且大多数情况下是肚皮着地。它们站起来，用鳍状肢和小短腿末端的大脚掌保持平衡，从一块岩石跳到另一块岩石，最终来到它们的筑巢地。在圣保罗岛，它们的筑巢地海拔达 170 米。在上岸初期，它们或许会被卷回水里，或者一次次从它们正在攀登的陡坡上坠落。但这些小小的生物不会因为岩壁高耸或海浪汹涌就打退堂鼓，它们的决心颇具英雄色彩。

率先上岸的是雄企鹅，它们急着赶去占领原来的筑巢点，或者寻找更好的位置。雌企鹅在大约 10 天后抵达。它们用小树枝和小石子在岩地上筑巢，雄企鹅提供原材料，雌企鹅负责搭建。求偶，或者说重新交换誓言的“仪式”从雄企鹅的鞠躬开始，它摇晃羽冠，向后仰头，鸟喙大张，向着天空引吭高歌。如果雌企鹅对它感兴趣，就会用自己的呼唤作答。

在共同抚养幼崽的事业中，企鹅表现出了伟大的奉献精神。在雄企鹅抵达海岛一个月后，雌企鹅将产下两枚卵。而在这之前，父母双方都不会进食。产下卵后，它们轮流坐在卵上，出去觅食的一方一去就是好几周。小企鹅一出生，就裹着一身羽绒“外套”。等到小企鹅长得足够大、无法再蜷缩在父母怀里或依偎在父母身旁时，它们就会与其他小企鹅待在一起，这时，企鹅父母就可以自由自在地觅食了。

从 20 世纪 90 年代至今，北跳岩企鹅数量锐减。原因之一是区域间航运量增加，石油泄漏的风险也随之提高。2011 年，运载 65000 吨大豆的奥利瓦女士号货船在航行至南丁格尔群岛时发生搁浅并解体，导致 1500 吨石油泄漏。特里斯坦 – 达库尼亚群岛岛民划着小船航行 30 多公里，设法拯救了 4000 只北跳岩企鹅，将它们安置在当地游泳池里悉心照料。至于有多少其他鸟类因此丧生，污染对物种繁殖的影响又有几何，这些都还是未知数。

采集企鹅卵的行为现已停止，用企鹅作鱼饵的做法也被禁止，但这些都是局限于当地的举措。北跳岩企鹅的种群数量很可能因为更大范围内的问题而持续减少。海水温度上升或许正在改变它们赖以生存的磷虾和鱿鱼的分布。在繁殖季节，企鹅无法前往太远的地方觅食，因此最需要当地食物。

西方世界对磷虾油的需求也在大肆抢夺北跳岩企鹅的食物。2020 年，特里斯坦 – 达库尼亚群岛周围建立了一处面积超过 70 万平方公里的海洋保护区，致力于保护大西洋圆尾鹱、扁头哈那鲨、黄鼻信天翁以及企鹅的栖息地。

太平洋海象

Odobenus rosmarus divergens

不断形成、断裂又重组的化学键将水分子连接在一起。水凝固成冰时化学键加强，在分子之间形成空间，从而形成六边形的晶格——冰晶。由于分子之间存在一定的距离，所以冰比水轻。当冰块不断扩张并随洋流移动时，它们相互挤压碰撞，或层层堆叠形成冰山，或滑动到其他冰块之下形成大型浮冰。

这些冰块是太平洋海象的家园。它们在这里休憩，也从这里出发踏上觅食之旅。它们的皮肤厚达2－4厘米，皮下还有10厘米厚的脂肪，这层脂肪既能隔热保暖，也是能量储备，并让海象能够舒适地在刺骨的厚冰块上活动。封冻的海面上漂着小岛般的浮冰，浮冰上可以见到成群的海象，在白色、冰蓝色和极地灰色的映衬下，它们棕色、肉桂色和粉色的身躯显得格外多彩。有些海象懒洋洋地依偎在一起取暖，有些则抬起脑袋，时刻警惕着危险。

它们的口鼻部长满粗硬的卷须。这些胡须极其敏锐，正是凭借它们，海象母亲和海象宝宝才能在温柔的摸索中彼此亲吻，亲昵地检查彼此。在自身巨大体重的辅助下，海象的长牙成了自卫的利器；就连北极地区的顶级掠食者——北极熊——也不太可能攻击成年海象。

雄海象用歌声向雌性求偶，一唱就是两天半甚至更久。雌海象会离开群体，独自在冰面上分娩，一连数日不吃不喝。海象幼崽可以在水下吮吸乳汁，母亲用前鳍状肢环抱成扇贝状，温柔地将宝宝搂在怀里。等幼崽长到5个月大时，它们就开始自己潜水和觅食，但在未来的两三年里，它们依然会紧跟在母亲身边。

在海中，海象庞大的身躯与海水融为一体，优雅地转身和扭动，拱起的身体负责提供前进动力，而鳍状肢则负责控制方向。海象能够将心率放缓，减少除大脑和心脏以外的身体部位的氧气供给，使其可以在水下潜游

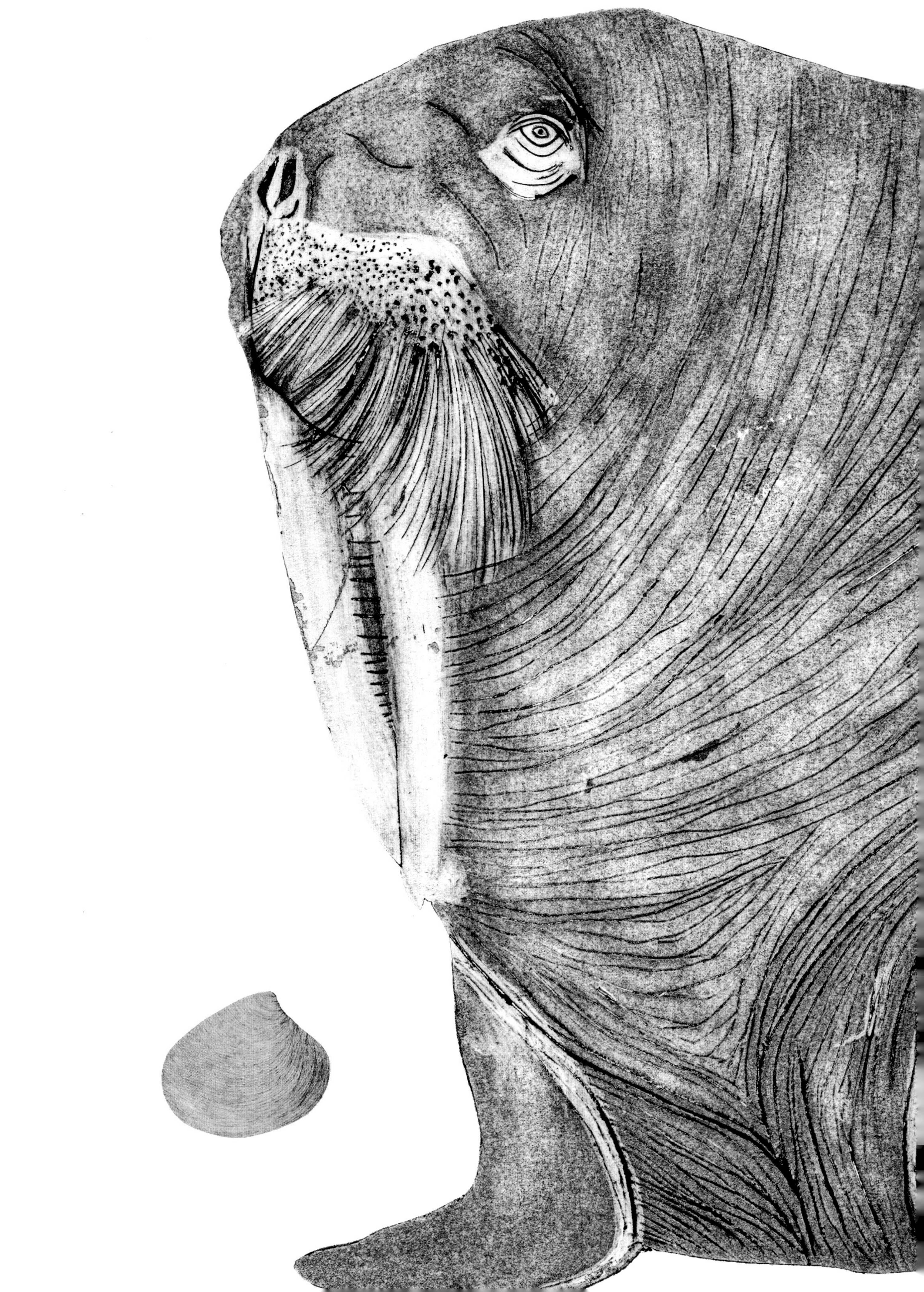

37 分钟之久。

在海床上，海象用鳍状肢拨开淤泥，一边用嘴将淤泥吹走，一边用口鼻部的硬须搜寻蠕虫、海参和贝类。海象含住贝壳，然后使口腔里形成真空，从而将贝肉从贝壳中吸出。食量巨大的海象必须辛苦觅食——每次下潜要捕食约 50 只蛤蜊。长牙似乎发挥着导向作用，让海象的身体与海床保持一定的角度，从而使其吻部紧贴海床。搅动起的沉积物被卷入周围的海水中。

当海象拖着沉重的身躯回到岸上时，它就像从太空重返地球大气层的宇航员，不再轻盈。前部鳍状肢关节外撇，尾部鳍状肢向前拍打。优雅一去不返，动作笨拙而古怪。但是，陆地和冰面才是海象的世界。它需要空气。

北极变暖的速度比地球上其他任何地方都要快。如今的冰缘线大幅北撤，不再紧靠白令海和楚科奇海的浅水觅食地，而是移动到不适宜海象活动的深水区。雌海象和幼崽们不得不登上海岸，形成大型群落。数以万计的海象挤在岩石上，数量实在太多，远离大海的海象甚至必须踩踏其他海象才能爬到海边。海象虽然是社会性动物，但在这样的环境下却表现出对群聚的恐惧，整群海象受惊、争先恐后扑向海中的景象时有出现。冲突四起，血流遍地。海象幼崽在重压之下粉身碎骨。

为了寻找空间，有些海象费尽周折，拖着沉重的身体爬到 20 余米高的悬崖顶部。它们的视力非常差，当饥饿驱使它们前往大海时，它们就会从悬崖上摔下来，落在布满岩石的海岸边，骨断筋折。

面积不断缩减的北极冰层对地球的其他地区也很重要，因为它是温度调节机制的核心。北极冰层反射太阳的热量，有利于地球表面降温，而颜色较深的海水却会吸收热量，从而导致更多的冰层融化。1979 年，美国航空航天局（NASA）开始利用卫星测量冰层面积，从那时至今，北极夏季冰层的面积已经缩减了 40%。由于新形成的海冰越来越少、融化的海冰越来越多，洋流的流速开始减缓，给地球气候带来了极端的后果。

如今，墨西哥湾流所在的洋流系统比过去 1600 年来减弱了 15%。随着海冰消失，随着人类在海象的栖息地上建起石油钻探设施，我们可以预见，将有更多的碳被释放到大气层中。

西奈蓝灰蝶

Pseudophilotes sinaicus

在修道院周围，除了沙砾和岩石之外，似乎什么也没有，除了一座花园。在这里，柏树拔地而起，树顶呈深绿色；比柏树稍矮一些的，是品种古老的果树以及其他植物。花园的围墙蜿蜒曲折，沿一条暂时干涸的水道顺势而建。围墙的高度恰好可以将贝都因人的山羊拦在外面。第一眼看过去，花园里的绿意、树木和植物，都颇具神秘色彩。

修道院背后就是巍然耸立的西奈山◆，它是 6 亿年前地核喷发的产物，在时光的侵蚀下逐渐分崩离析；它是上帝之怒的见证。在西奈山脚下，修道院古老的墙垣宛如静默的祈祷。在围墙之内，日复一日的礼拜按部就班进行，从 6 世纪中叶查士丁尼一世下令在泉水附近修建这座修道院至今，从未中断。

西奈百里香就在附近的山谷中生长。这种圆形灌木生有浅蓝绿色的叶片，在五六月间开花。这种植物是西奈蓝灰蝶的栖身之所。西奈蓝灰蝶是世界上最小的蝴蝶之一，比你的拇指指甲盖还要小：蝶翼长度只有 7.5 毫米。它们的体表覆盖着一层蓝色的细毛。蝶翼同样是蓝色的：双翼收起时，就像临近地平线的天空一样呈苍白色，但当双翼张开时，却呈现令人眼前一亮的蓝色，两翼相互映照，让彼此的蓝显得越发明艳。当它们翩跹飞舞时，就像一小片一小片的蓝天坠入凡间，想要在草木丛中找到家园。双翼上还散落着黑色的斑点，尺寸和它们的黑眼睛差不多。

无论是雄性还是雌性，西奈蓝灰蝶一旦破茧而出，就会设法攀上百里香的枝头晾干翅膀，随后开始求偶和交配。交配后的第二天，雌蝶就会在花蕾上产下 20 – 30 枚卵。成虫以花蜜为食。几天之后，虫卵便会孵化，幼虫以叶片和花朵为食。

圆头刺结蚁（*Lepisiota obtusa*）采集西奈蓝灰蝶幼虫分泌的蜜露；作为交换，圆头刺结蚁会保护蝴蝶幼虫免受另一种蚂蚁——埃及举腹蚁（*Crematogaster aegyptiaca*）的侵害。21 天后，蝴蝶幼虫向下钻进西奈百里香的根部，在靠近地表的浅土层中吐丝结茧，休眠度过冬天，随后开始新一轮的循环。

西奈蓝灰蝶的生存完全依赖于西奈百里香。它们不擅长飞行，行动距离基本不会超过 230 米。一块块百里香田之间往往隔着一定的距离，因此，如果一块百里香田枯萎死去，很多以之为生的蓝灰蝶也极有可能随之一同消逝。除了巴勒斯坦和沙特阿拉伯的少数群落之外，西奈百里香只在这座修道院附近的一小块区域内生长，而在 50 块百里香田中，只有 33 块有西奈蓝灰蝶的身影。西奈百里香因其药用价值而遭到过度采摘。1998 年，修道院周边设立了保护区，将许多块百里香田纳入其中，然而，这并不能保护它们免受气候变化的影响。

这一地区正变得越来越干旱。气候变化或许会改变花期，这样一来，在花期尾声孵化的蝴蝶幼虫就会缺少食物，因而存活的概率变小。气温不断升高，对于这种山地植物和其他受到威胁的物种（比如西奈野玫瑰、西奈报春花和西奈糙苏★）来说，不久之后，天气或许就会热得无法忍受。

经过数个世纪，我们设法将修道院及其图书馆妥善保存至今。如果西奈蓝灰蝶也能继续将它的基因一代代传下去，那该多好。

◆ 西奈山（Sinai mountains），又称摩西山，是《圣经》中记载的上帝接受摩西十诫之处。

★ 此处提及的几种植物：西奈野玫瑰（*Rosa arabica*）、西奈报春花（*Primula boveana*）和西奈糙苏（*Phlomis aurea*），前两种被红色名录评为极危（CR），最后一种为濒危（EN）。

考拉

Phascolarctos cinereus

幻梦时代，有个名叫库波尔（Koobor）的孤儿。他的族人对他很不好，不但总不给他水喝，最后还杀了他。他破碎的身体变成了一只考拉，只记得不多的几个人类词语。他警告杀害他的人：他们可以猎杀考拉，但绝不能在烹饪前剥去它的皮毛，如果触犯这一禁忌，就会引发可怕的旱灾。

数个世纪以来，这项禁忌一直保护着考拉，但到18世纪末，一个完全不了解库波尔禁忌的新民族踏上了这片土地：1919年，超过100万只考拉因皮毛而遭到猎杀。

考拉是澳大利亚的特有物种，是树袋熊科唯一存活至今的成员。考拉喜群居，但每只成年考拉都有自己的领地，一只占主导地位的雄性的领地往往与多只雌性的领地重叠。雄性考拉胸部的腺体会分泌一种气味浓郁的油脂，它们用胸部摩擦树干，以此标记领地范围。

考拉幼崽出生时没有毛发，没有视力，只有没剥壳的花生那么大。在气味和本能的指引下，它跌跌撞撞地爬过母亲的皮毛，钻进育儿袋里。它将在育儿袋内生活6个月。刚开始探索外面的世界时，它谨小慎微，紧紧跟在母亲身边，在母亲附近爬来爬去，学习如何爬树、如何通过气味辨别最可口的树叶。它们将鼻子凑在一起沟通信息。雌性考拉一般每隔一年产一只幼崽。

考拉的生存完全依赖于桉树林。桉树叶的营养并不丰富，所以它们必须大量进食，并一天休息18－20个小时。澳大利亚有超过600种桉树，但考拉只吃其中约30种。它们能分辨出营养最丰富的树叶和树木，而这些树叶和树木常常生长在人类偏爱的土地上。天气炎热时，考拉会肚皮朝下趴在树枝上，这能让体温下降68%之多。凭借这一特点，加之从桉树叶中摄取的水分，它们就不必频繁地从树上下来寻找水源：达鲁格人称它们为“古拉”（gula），意思是“没有水”，“考拉”（koala）一词便由此衍生而来。而这种动物的拉丁文学名的意思则是“灰色的、有口袋的熊”。

库波尔禁忌早在许多年前就已遭到破坏。20世纪70年代，气温开始上升，如今旱情越发严重，森林也更容易起火。在2019－2020年的那场火灾中，数万只考拉和数以亿计的其他动物受伤，或命丧火海。数百万吨二氧化碳被释放到空气中。二氧化碳浓度升高导致桉树的生长速度加快，同时也使树叶更加缺乏营养。考拉无法通过进食更多树叶来弥补营养的缺失——它们的食量无法再扩大了。这是真正的危机：考拉可能因营养不良而逐渐消失。

截至2012年，澳大利亚砍伐了本国40%的森林和80%的桉树林。尽管有1999年《环境保护与生物多样性保护法》，但如今，昆士兰州森林遭破坏的速度已是当初的3倍还多；新南威尔士州和维多利亚州也不甘落后。

在我写下这些文字时，无垠的野火正沿北美西海岸向不列颠哥伦比亚省蔓延，同时也在阿尔及利亚、意大利、土耳其、希腊和西伯利亚燃烧。从卫星影像来看，浓烟已覆盖俄罗斯大部分地区，并自有记录以来首次抵达北极。

受澳大利亚山火影响的
部分物种

波多黎各亚马逊鹦鹉

Amazona vittata

它正在用一只眼睛注视你，另一只眼睛看着相反的方向。因此，它既可以看到你所看见的事物，同时也一直在关注着你。它的眼睛如此漂亮：硕大的黑色瞳孔外是一圈窄窄的黄色虹膜，外面一圈白色皮肤的形状好似杏仁；实际上，那形状很像人类的眼睛。这种独眼的凝视——长时间不眨眼的目光——中蕴含着一丝笑意，一丝微乎其微的笑意。

尽管鸟喙不怎么灵活，但这种鹦鹉却能做出许多不同的表情：警惕、愤怒、疑惑、期待、感兴趣，甚至可以表现出幽默的好奇心，仿佛想要与人交谈一般。它们用鸟喙觅食、爬树、敲开坚果。这种鹦鹉的羽毛呈浓艳的绿色，闪耀着彩虹似的色泽，像电镀一般逐渐向蓝色过渡。靠近尾部的羽毛则近乎黄色，仿佛画家用完了颜料。

现在它转过脑袋，两只眼睛都盯着你，仿佛在询问你的意见。接着，它向侧面挪了一步，做出一个魔术师甩斗篷一样的花哨动作，张开双翅高抬起来，亮出蓝色的羽毛，那是岛屿附近的海面和热带无云的天空才有的颜色。它又拍打了几下翅膀，接着便纵身飞起，在温暖空气的支撑下划出流线型的轨迹。

它要去为伴侣寻找食物。它的伴侣正卧在一棵波多黎各厚皮香树（*Ternstroemia luquillensis*）的空心树干里，守护着 3 枚白色的鸟卵。波多黎各亚马逊鹦鹉终生贯彻一夫一妻制，用舞蹈向对方表达爱意。

波多黎各亚马逊鹦鹉经常成为屋顶鼠和印度小猫鼬等入侵物种的猎物，但它们数量下降的最主要原因还是栖息地的减少。

1650 年之后，波多黎各的人口开始迅速增长。鸟类栖息的森林遭到砍伐，清理出来的土地成了甘蔗、柑橘类水果和咖啡的种植园。如今这种鸟类的生存范围只剩当初的 0.2%。人工繁育让它们的数量逐步回升，但在人工饲养环境下繁殖的鹦鹉学会的是一种不同的“方言”，这让它们更难融入野生鹦鹉种群。

二氧化碳含量的上升意味着海洋变得更加温暖，大气层中含有更多水分，飓风的破坏力更强，出现频率也更高。一场飓风释放出的能量相当于 10000 枚核弹。穿透树林的雨变得朦胧一片，像雾化的水帘一般。棕榈树的叶片像雨伞的辐条一样被狂风撕扯。树叶被尽数吹走，树顶被折断，树枝被卷走，好像遭到了巨人的痛击。1989 年的飓风“雨果”一度让野生波多黎各亚马逊鹦鹉的数量减少到了 23 只。

如今，人工繁育的波多黎各亚马逊鹦鹉有了躲避飓风的栖身之所。一项耗资数百万美元的人工繁育计划为这些美丽的鸟儿提供了雨林的替代品，让它们得以抓住一线生机，而在 19 世纪中叶以前，它们原本一直生活在富足的自然环境当中。

北大西洋露脊鲸

Eubalaena glacialis

它们在浩瀚水域中的生活令我们浮想联翩。它们是温血动物，同我们一样呼吸空气。它们也会组成家庭，建立持续一生的关系。它们还会在一起玩耍，互相拥抱，学习语言，彼此歌唱。我们已将它们猎杀到了灭绝的边缘，可它们仍然怀着温和的好奇心注视着我们。

北大西洋露脊鲸靠强壮的尾部提供推进力，在水中滑行。灵活的脊椎和有力的背部肌肉让它能够竖直下潜、转身、将身体向后弯成弓形，还可以优雅地上下摆动尾鳍。它的头部占身体全长的 1/3，生长在上颌边缘的角蛋白鲸须可多达 540 根，每一根鲸须都长达 2 米。这些鲸须就像刷子的刷毛一样密集地排列在一起，构成一张巨大的筛网，在露脊鲸缓慢向前游动、大口吞进海水时将浮游生物留在嘴里。露脊鲸的体表布满块状突起，粗糙而斑驳的皮肤上长满藤壶，也是鲸虱的家园。

鲸鱼的鳍状肢垂在身体下方，由 5300 万年前在陆地上行走的鲸鱼祖先的四肢演化而来。在我们的灵长类祖先进化为人类的这段时间里，鲸鱼也完成了一次巨大飞跃：从巴基斯坦古鲸（*Pakicetus*）——一种体形像狼、以鱼为食、生活在河流入海口的四足动物——进化为完全水生的哺乳动物，成为有史以来体形最大的物种之一。它们不再靠皮毛隔热保暖，而是靠鲸脂。尾巴逐渐变扁，成了宽大的三角形。它们的鼻子移到了头顶，失去了牙齿和后腿，而身体越来越长、越来越大。它们保留了与巴基斯坦古鲸相似的、为在水下听到声音而特化的耳骨。

19 世纪，每年都有数以万计的各种鲸鱼被人类猎杀。捕鲸船射出的鱼叉带有倒钩，会在鲸鱼体内爆炸。从鲸脂中提取的蜜蜡色鲸油被用作灯油、被制成肥皂和人造黄油，直到 1972 年，美国通用汽车公司的发动机还在使用鲸油。鲸须则被用来制造紧身胸衣、雨伞、占卜棒、刮舌器、警棍、帽边和鞭子。

在 1986 年全球禁止商业捕鲸之前，有近 300 万头鲸鱼在 20 世纪惨遭捕杀。从那时至今，有些国家退出了国际捕鲸委员会，又有 4 万头鲸鱼被杀；它们的睾丸被用于酿造啤酒，鲸肉则被制成高级狗粮。

北大西洋露脊鲸因为性情温和、喜欢在水面附近缓慢游动以及死后会浮上水面的特点而被称为“理想的鲸鱼”◆。而捕获的其他鲸鱼，必须先将其体内充满空气才能拖回陆地。现在，全世界只剩下 356 头北大西洋露脊鲸，其中能够繁殖后代的雌性不超过 100 头。

冬季，怀孕的雌性露脊鲸从位于加拿大和美国东北部沿海的觅食地出发，行经 1600 多公里，前往南卡罗来纳州、佐治亚州和佛罗里达州沿海较浅、较温暖的水域产崽，随后在春季游回北方。幼鲸将在母亲身边度过生命中的头 10 年。曾有人见过雌性露脊鲸仰面躺在海面上，将幼鲸抱在怀里。但它们在何处养育幼鲸还是一个谜。

有观点认为，随着海洋温度升高，露脊鲸的食物之一、一种名叫飞马哲水蚤（*Calanus finmarchicus*）的浮游动物正逐渐向北移动。露脊鲸也追随它们游进人类活动更频繁、保护鲸鱼的法律法规更少的水域。船只可能

———

撞断它们的头骨和脊椎。螺旋桨会将它们的尾巴生生切断。而最容易受到伤害的就是在水面附近分娩的雌鲸和尚未学会潜水的幼鲸。

缠住鲸鱼身体的渔具会划伤它们的嘴唇，留下深可见骨的伤口。有时，它们的皮肤会将绳索包在皮肉里愈合，而绳索又与重型钓具相连，这样一来，鲸鱼不得不在余生中始终拖着钓具，而这会妨碍它们给幼鲸哺乳，也会影响其捕食或游泳。这样的鲸鱼往往无法浮出水面换气，从而活活淹死。

2021 年的一项研究表明，被渔具缠住的露脊鲸数量与这种鲸鱼平均体长的变短之间存在某种关联——如今它们的平均体长比 40 年前短了 1 米。最近，人们在一条被渔网缠住的鲸鱼身上发现，绳索将它的皮硬生生地绞了下来，在它死去之后，海虱吃掉了它的尸体。

噪声污染也对鲸鱼构成了威胁。在海浪之下，冰层的破裂声、珊瑚的爆裂声、黑线鳕鱼的重击声、蟾鱼的咕噜声、角鱼的呱呱声、海马的咔哒声、鼓虾的噼啪声、海胆的磋磨声、鼬鱼的锤打声和鲸鱼的歌声此起彼伏。有些种类的鲸鱼会花费好几天的时间来构思它们的曲调，加一声口哨，添一个颤音，让一首歌逐渐变得不同，越动感越好。同一个家族的座头鲸会唱着同一首歌。一首曲子可以持续 30 分钟，“单曲循环”可以长达一整天。一首新创作的乐曲可以代代相传，跨越种群，穿越大洋，直到每一头雄性座头鲸都在吟唱同一首歌。

在半明半暗、200 米以下的深海中，听觉就是视觉。座头鲸妈妈对幼崽说着悄悄话。当海洋不受干扰时，蓝鲸们可以在大西洋两端彼此歌唱。而露脊鲸的呼唤则是低沉而有节奏的脉动。然而船舶发动机、螺旋桨、水下爆破、声呐和深海钻探……这些恐怖的声音扰乱了海面下的平静。鲸鱼的歌声陷入沉寂，辨别方向、觅食、睡觉或寻找伴侣都变得困难重重。母鲸和幼鲸彼此失散。它们再也没有真正安静的地方可去。它们拼命地逃出声呐的范围，这样的尝试甚至会导致内出血。它们搁浅在岸上，眼睛和耳朵里灌满了鲜血。

———

鲸鱼的排泄物是浮游植物的肥料，磷虾以浮游植物为食，而鲸鱼又以磷虾为食，它们通过这样的循环维持着浮游植物的种群数量。鲸鱼在上下游动时将浮游植物带到阳光下，使其得以进行光合作用。鲸鱼越多，意味着浮游生物和鱼类也越多，而二氧化碳越少。鲸鱼也将碳储存在体内；当它们死去时，体内的碳也随之落到海床上。倘若大型鲸鱼的数量能恢复到捕鲸活动出现之前的水平，那它们储存的碳相当于巴西一整年的碳排放量。

在今天依然活着的鲸鱼当中，有些年纪足够大的个体还记得当初那个充满生命的海洋，那时，塑料尚未发明，石油仍在地层中不受打扰，唯一的声音来自大海中的生物。可如今，在一个人的有生之年里，北大西洋露脊鲸就可能永远消失。

◆ 露脊鲸的英文是 right whale，字面意思是“理想的鲸鱼”。

巴西坚果树

Bertholletia excelsa

现在是雨季，在高高的丛林顶部，巴西坚果树的树冠正在绽放花朵。在树顶高处，一只雌性美洲角雕正在环视一棵棵树木的顶端。它身形巨大，披着深灰色的斗篷，鸟喙呈弯钩状，头顶挺立的羽毛在微风中飘动，宛如印加神明的头饰。它的爪子和熊掌一样大。美洲角雕是现存体形最大的鹰之一，如今已十分罕见。上百万棵树的树叶将水分子泵入大气，林间升腾起薄雾，雾气在清晨阳光的照射下变成了杏色。光线缕缕分明，强得晃眼，金刚鹦鹉的尖利鸣叫、猴子的吱吱声、鸟儿的歌唱，还有各种你辨认不出的奇怪的动物叫声，响彻雨林。

在巴西坚果树新生枝头待放的蓓蕾是椭圆形，呈现一种柔和的淡绿色。而稍早些的蓓蕾已经长成鼓胀的浅黄色小球。接下来，蓓蕾再大一些就会开花：6 片花瓣围成一圈，像软帽的帽边，将第 7 片穹顶状的花瓣围在中间，深黄色的雄蕊就藏在穹顶之下。

虽然还是清晨，但林中已经响起了嗡嗡的喧闹之声。木蜂熟练地钻进外圈花瓣和穹顶之间。它用腿蹬开中心的花瓣，利用自身的重量挤进花朵内部采蜜，然后倒退着出来。它用前腿摩擦双眼，将花粉揉进胸口上部的绒毛里。它的躯干与巴西坚果树的雄蕊配合得天衣无缝，仿佛它们是为彼此而生。木蜂拍了拍透明的翅膀，向下一朵花飞去。不远处还有一只兰花蜂正在忙碌，它同样被巴西坚果树的花蜜所吸引。我们只能看到它露在外面的腹部末端和一对黑乎乎的小短腿。

这两种蜂是巴西坚果树的主要传粉者，并且都是独居蜂类，这一习性导致它们很难在蜂巢中成群生活。这就是为什么巴西坚果树少有人工种植，只能在人迹罕至的雨林中欣欣向荣。雄性兰花蜂需要瓦氏吊桶兰（*Coryanthes vasquezii*）等几种兰花，这些兰花同样只能在野外生长。如果雄性兰花峰身上没有沾染这些兰花的花香，就没有雌蜂愿意同它交配。

---

14 个月后，这棵树将结出重量超过 2 千克的坚硬球状果实。成熟的果实从 50 米高的树冠落下，落地瞬间的速度可达每小时 50 英里。唯一有本事打开这些果实的动物是刺豚鼠，一种毛发光泽、牙齿锋利的啮齿动物。它将挑出来的坚果像橘子瓣一样排列整齐，藏在隐蔽的地方。刺豚鼠取出的坚果远远超出它的食量。它会小心翼翼地将剩下的坚果埋进土里，但经常忘记埋藏的位置。这些坚果或许要等许多年才会萌芽。

巴西坚果树的果实益处良多，富含抗氧化成分。有观点认为，亚马逊的植物中只有微乎其微的一部分得到了充分研究。可惜许多植物已经被摧毁，人类永远没有机会再研究它们了。美国国家癌症研究所认为对癌症有疗效的 3000 种植物中，有 70% 来自热带雨林。

每天，巴西坚果树都将上千升的水泵入树冠，水分通过树叶的蒸腾作用形成云朵，云朵又为树木降下雨水。这片丛林为 2000 多公里外的圣保罗提供饮用水，并为亚马逊河流域降温。随着丛林面积不断缩小，整个地区正变得越来越热、越来越干燥。

每年消失的森林面积相当于数个小国，后果之一就是我们所见到的肆虐的林火。欧洲畜牧业对大豆的需求是森林消失的原因之一：近 20% 的进口大豆与砍伐森林存在关联。当热带雨林被焚毁之后，它吸收二氧化碳和维护水循环的能力会变得越来越差。

当我开始研究巴西坚果树的故事时，有一种预测认为：一旦亚马逊雨林遭到破坏的部分达到 25%，它就会成为碳的净排放源。我从来没想过，在有生之年，亚马逊雨林的碳排放量竟然会超过吸收量。然而，2021 年 7 月公布的一项研究发现，这一预测如今正在成为现实。仅英国一国每年进口的大豆就多达 320 万吨，其中大部分用于喂养牛、猪和鸡。如果你在乎热带雨林，在乎这个星球，那么，养成以植物为主的饮食习惯就是你作为个体所能做的、最有力的环保举措之一。

一棵巴西坚果树能活 500 年；锯倒一棵只需 0.5 小时。

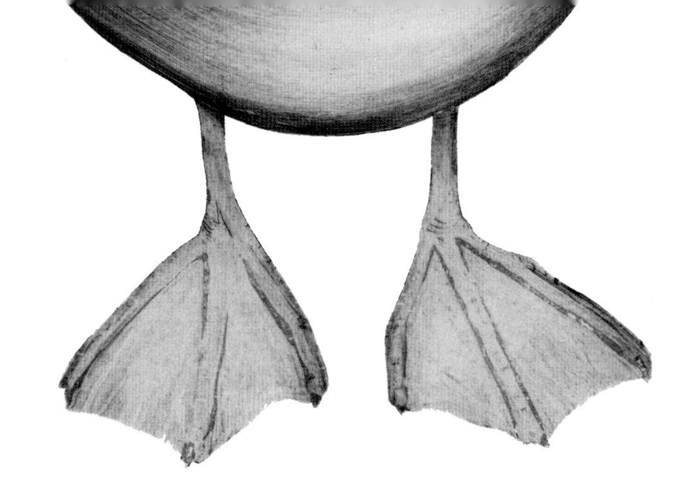

漂泊信天翁

Diomedea exulans

它们很少扇动翅膀，它们喜欢翱翔。它们是御风而行的漂泊者，在南冰洋的天空中、在永恒的运动中度过一生。南冰洋是这个星球上最汹涌的水域之一——驱动这片海洋的是时速近 130 公里的劲风和全世界最强大的洋流——西风漂流。这是一片冷酷无情之地，涌动着高达 24 米的惊涛骇浪，但是对于漂泊信天翁而言，这里却是它们的家园。在 2 岁时，漂泊信天翁便离开陆地飞向空中，直到 5 年甚至 10 年之后才会再度踏上坚实的地面。它的翼展超过 3.5 米，是所有鸟类中最大的。它可以在空中飞行数日，而不需要拍打翅膀。在飞行时，它的心率几乎和睡眠时一样缓慢。为了寻找食物，它可以在一天之内飞行 800 公里。

一只漂泊信天翁向低处飞去，它侧身拉开与风的距离，向海面坠落，双脚像高台跳水运动员一样并在一起。一段自由落体之后，再让身体与水面平行，它俯冲得如此低，甚至翅尖擦到了水面。它放慢速度，向另一个方向倾斜，飞进风中，再次爬升。当浪头即将落下时，这只信天翁转向侧面滑行。钢灰色的海水衬托出它冰白色的身影，在波涛上涌时俯冲，在海浪下落时升空，在视野中时隐时现，就像海鸟在与大海共舞。漂泊信天翁的翱翔效率相当高：高度每下降 1 米，它就可以水平滑出 22 米的距离。

漂泊信天翁的上喙部有两个小洞，这个部位叫作鼻角，可以帮助它们测量风速。而敏锐的嗅觉能引导它们找到 20 公里以外的食物。它们能潜入海水最上层捕鱼，但不能在水中停留太久，因为它们是鼬鲨最爱的食物。为了穿过海水飞进风中，它们用力左右摇晃身体，为出水积蓄动力。如果没有风，它们就无法前行。

在海上漂泊长达 10 年之后，信天翁将回到它出生的地方寻找同类。依靠嗅觉和地球磁场，它可以找到南冰洋上 4 座岛屿中的一座。最大的聚集点位于南乔治亚岛迎风的陡坡之上，这里是这个星球上最人迹罕至的地方之一。信天翁在看到故乡之前就已经闻到了家的气味——潮湿的泥土、海藻、腐木泥炭沼泽和企鹅粪便的味道。南乔治亚岛隐蔽在咸腥的雾气之中，是一座由花岗岩和寒冰构成的岛屿，这里几乎所有的降水都来自降雪。岛屿周围是全世界最富含营养的水域之一，曾经让一队队捕鲸船趋之若鹜。轻信人类的信天翁被人用棍棒打死，它们的肉被当作食物吃掉，皮肤、骨头和羽毛则被制成烟袋、烟斗杆、编织针、笛子、钢笔和暖脚垫。等这里的鲸鱼数量不复从前，捕鲸人才离开此地。2012 年开始，南乔治亚岛和南桑威奇群岛周围的海域被划为海洋保护区。

在陆地上，宽大的翅膀成了累赘，漂泊信天翁只能笨拙地蹒跚前行。它们要花很长时间才能找到伴侣，不过一旦找到彼此就会终生厮守。它们用舞蹈求偶：低头鞠躬，来回快速摇头，拍打鸟喙，扇动翅膀，并将翅膀弯成拱形，仿佛要拥抱对方。它们抬起鸟喙朝向天空，彼此发出召唤。每对夫妻都有自己独特的舞蹈，每两年一次，它们在繁殖季节回到这里跳舞；一生中，它们会不断修改自己的舞蹈，让动作更加丰富。它们很重感情，会并肩坐在一起，彼此依偎着取暖，温柔地用嘴梳理对方的羽毛，亲昵地互相触碰。

它们在茂密的草丛中用泥土和草筑巢，在巢里产下一枚卵，白色的卵壳表面有着淡红色的斑点。在两个半月的时间里，它们每三周换一次岗，轮流为卵保暖。

雏鸟破壳后，成鸟会在未来 9 个月中悉心照顾雏鸟，这个时间比任何其他海鸟都长。成鸟跨越遥远的距离为雏鸟觅食，足迹甚至远至巴西。它们将雏鸟独自留在巢里，一去就是好几周，穿越极地的薄雾和雨雪。对于成鸟而言，饥饿的威胁始终存在。如果其中有一只未能归巢，雏鸟就无法存活下来。

每年被鱼钩和渔线杀死的海鸟不计其数。仅一根渔线的长度就可能超过 100 公里，上面悬挂着数千个带有鱼饵的钢质鱼钩。潜入水中采食鱼饵的漂泊信天翁会立刻被钩住，拖进海里淹死；海龟、鲨鱼和海豚也是如此。有些渔业机构已开始采取行动，比如在夜间捕鱼、改用更重的渔线，或者用颜色鲜艳的飘带吓走鸟类。被藻类包裹的塑料垃圾闻起来很像信天翁的猎物，因此它们会将塑料喂给雏鸟，雏鸟就这样活活饿死，腹中填满塑料袋、瓶盖、牙刷、玩具、灯泡、打火机、手套和保鲜膜。

如今，风暴正变得越来越强，信天翁赖以为生的海风有时会将支撑它们巢穴的植被掀翻，吹走卵或雏鸟。信天翁发育成熟和抚育雏鸟的过程都十分缓慢，即使我们给它们机会，信天翁种群也需要很长时间才能恢复。如今，21 种信天翁中除了 2 种，其余都面临灭绝的危险。

苔藓

地面十分柔软。要前往远处圆滚滚的山丘，你不可能走出一条笔直的道路，因为你面前散落着许多小小的、湖水呈黑色的冰斗湖。有时，冰斗湖边缘长有单花海车前、鳞茎灯芯草和狐尾藻。从高处看，地面似乎很平坦，但在上面行走绝非易事。看似坚固的地方其实并不坚固，脚和靴子陷入湿地中，水一直漫到脚踝甚至膝盖。

正在筑巢的鹬高声发出警报。青脚鹬和黑腹滨鹬等涉禽在此地可以找到充足的食物。成群的金鸻在荒原上起起落落。当风停息时，蚊蠓开始出动，蜻蜓也随之出现。跪在地上看看。这里有一丛茅膏菜，桨状叶片上长着粉色的触手，时刻准备着捕捉昆虫。茅膏菜周围是一块块绿色的泥炭藓。在未来的某一天，它们将会变成泥炭。这里是位于萨瑟兰郡和凯思内斯郡一带的弗罗湿地

区。苏格兰有 700 种苔藓类植物，包括苔藓、地钱和角苔。它们所呈现的绿色、红色和黄色像宝石一样色泽鲜艳。苔藓极其柔软，因此鸟类会用它们来筑巢。

苔藓已经存在了 4.5 亿年，它们参与了大气层的形成。它们是早期的殖民物种，对土壤的形成功不可没。在喷发的岩浆冷却下来、冷凝的熔岩了无生气时，它们是第一批占领大地、开始创建新生态系统的物种。

大多数苔藓的叶片只有一层细胞。这意味着它们能够直接吸收水分，不必像其他植物那样由茎秆将水分泵入叶片。紧紧挤在一起、层层堆叠的苔藓群落可以容纳大量水分，等到天气干燥时再缓慢将其释放。

苔藓能经受住长时间的干旱。根据记载，有一种苔藓在没有水的环境下活了 19 年。将水淋在干枯的苔藓上，它们立刻就会恢复光合作用。苔藓覆盖地表，发挥着隔热层的作用，使地面免受冷热空气的影响。它们形成了“苔藓丛林”，在这样的丛林里，苔藓的茎叶在微观居民眼中想必同史前巨树一样高大。

细菌和藻类进行光合作用，为苔藓丛林里的其他生物提供碳和营养物质。单细胞的纤毛虫以细菌为食，即使在干燥的天气里，它们也可以在苔藓储存的微小液滴中生存。最常见的栖息在苔藓中的生物是轮形动物、线虫动物和缓步动物。轮形动物拥有坚硬的颌部和一根用来行动的须足。线虫动物以苔藓细胞、真菌和藻类为食。

缓步动物又名水熊虫或“苔藓小猪”，它们有8条腿，每条腿的末端都有爪子。它们在水中行动，以地衣和苔藓作为支撑。这种动物能将物质降解成更细小的微粒，供苔藓世界里的其他居民利用。在漫长的旱季，缓步动物蜷缩起头和脚，将身体紧紧卷成球体，进入休眠状态，它们可以在休眠中存活数十年。同苔藓一样，等到雨水再次落下，重获水分的它们又会恢复生机。

苔藓有利于防止植物失水。英国最常见的苔藓之一——泥炭藓能够吸收相当于自身重量20倍的水。因为这一特点，加之泥炭藓有轻微的防腐作用，它在第一次世界大战期间曾被广泛用作包扎伤口的敷料。泥炭和苔藓对水体有过滤作用，并扮演着水库的角色，能够阻挡洪水，让河水的流动更加均匀，为鲑鱼洄游提供更多的时间。当泥炭地遭到破坏时，泥炭颗粒将堵塞鱼类的产卵地，甚至会划伤鱼鳃。

当最近一个冰川期结束，苏格兰的冰川逐渐消失，苔藓占领了裸露的岩石，从那以后便一直在这里繁衍生息。死亡之后，它们就会分解，以大约每1000年1.5米的速度形成泥炭。

4000平方公里的弗罗湿地区储存着4亿吨碳。泥炭沼泽只占地球陆地面积的3%，但它们储存的碳比海洋之外的其他任何生物群系都要多。泥炭地遍布全球，尤其在北半球居多。按泥炭地与土地面积的比例计算，不列颠群岛的泥炭地面积相对较大，因此，不列颠群岛在这一至关重要的碳封存方式的保护中占据着重要位置。弗罗湿地区是欧洲最大的覆被泥炭沼泽。

在爱尔兰，人们露天开采泥炭沼泽，将泥炭用作园艺种植的堆肥和发电燃料。研究显示，英国目前只有不到20%的泥炭地未遭破坏。当一片泥炭沼泽干燥或失去表层的遮挡时，会将此前吸收的大量二氧化碳都释放出来。

面对气候变化的影响，苔藓和苔藓形成的泥炭沼泽都非常脆弱。而且，与其他植物相比，苔藓类植物对污染更加敏感。世界自然保护联盟在2019年的报告中称，欧洲的苔藓类植物中有23%面临灭绝的风险。为园艺堆肥开采泥炭、对泥炭地进行排水处理、改变土地用途，这些是最直接的威胁。修复泥炭沼泽是从大气中吸收更多碳的最有力工具之一。而在不列颠群岛，它们依然是许多幸存至今的野生生命的主要栖息地。

驯 鹿

Rangifer tarandus

从空中看，数千头驯鹿沿不同路线在雪地中穿行，它们的轨迹像烟囱冒出的烟雾般反复交叉，随后在地平线处融为一体。北极黯淡的太阳低悬在地平线之上。冬季，北方的驯鹿群向南移动，寻找更适宜生存的栖息地，等到春季再向北迁徙，全程可达 5000 公里，是所有哺乳动物中最漫长的陆地迁移之旅。居住在森林里的驯鹿群不会迁徙，但它们需要辽阔的活动范围。

驯鹿和角鹿是同一物种的两个名字，该物种的拉丁文学名是 *Rangifer tarandus*。驯鹿宽大的脚掌长有四趾，能够支撑它在雪地上站稳，在游泳时又能像船桨般蹬水。多毛的脚底形似铲子，能够刨开积雪，翻找它赖以为食的地衣、真菌、嫩枝和浆果。数百万根空心毛发组成一件厚厚的外衣，冬季颜色较浅，夏季颜色较深。驯鹿脸部的毛色较深，眼周的毛发更是呈深棕色。它们的眼睛可以看到紫外线，而地衣和驯鹿的掠食者都会吸收紫外线，因此在反射紫外线的雪地上格外显眼。

驯鹿的鼻孔在吸气时可将冰冷的空气加热，而在呼气时又可吸收气体中的热量，让其中的水分凝结并将其保存在体内。向外弯曲的鹿角就像一顶王冠；春季，驯鹿的鹿角每天能长 2.5 厘米。冬季，它们无法从食物中获得足够的钙——有人认为驯鹿会从骨骼中提取钙质——之后在夏季予以补充。

北极和北方针叶林变暖的速度是地球其他地区的两倍。相较 10 年前，如今春天提前了 16 天之多。尽管有些植物正在适应气候变化，但驯鹿妈妈和它们的幼崽可能无法及时赶到，因此无法吃到营养最为丰富的植物。

驯鹿的数量正迅速下降。更高的温度意味着更多的雨水，而雨水会凝固成冰，妨碍驯鹿觅食——驯鹿擅长对付的是雪而不是冰。来自南方的灌木，比如圆叶桦和柳树，取代了驯鹿的食物——云莓、蔓越莓、蓝莓、莎草科植物和地衣。疾病、寄生虫和掠食者也在逐渐北移。北方驯鹿赖以生存的云杉正在消亡；一旦云杉绝迹，驯鹿也会消失。

对于煤炭、铀矿和金矿开采者以及伐木、石油和天然气企业而言，驯鹿栖息地蕴藏的地下资源是无法抗拒的诱惑。这些人类活动占领了大片驯鹿栖息地，将它们的栖息地分割得支离破碎，阻断了它们的迁徙路线。

北方针叶林环绕整个北极圈，树木量占地球树木总量的 1/3。寒冷的环境让落叶和树枝得以保存；它们将碳储存其中，并为下面的土地保暖。据估计，加拿大的北方针叶林的储碳能力与该国的二氧化碳排放量基本相当。

冻原是所有生物群系中最寒冷的，同时也是驯鹿的栖息地。冻原融化的速度比人们预期的要快许多，它们释放出炭疽等致命的病原体、巨量的二氧化碳，甚至更具破坏性的甲烷。石油和天然气开采留下的有毒废料场附近的土地正在变成沼泽，这样一来，原本应该固定在其中的有毒物质也会逸出。

驯鹿的数量正在减少，我们所了解的世界正在消失。但即使走到今天这一步，这也不是注定的结局。

红树林

在清澈的水中，鱼儿在树根之间游来游去。阳光洒在微波荡漾的水面上，闪烁着钻石般的粼粼波光，鱼儿在浅浅的海床上游动，鱼鳞被映照成了金色。8 小时后，这里将变成露天泥滩，红树林植物的根部也将暴露在空气中，扎进泥土的根就像倒扣的编筐枝条。藤壶、海葵、海绵、海蛇尾和螃蟹攀附在树根表面。深绿色的树冠屹立在炎热的蓝天与河湾的淡盐水之间。

红树林植物是能够耐受低氧土壤和盐水的乔木或灌木。它们可以阻止盐分进入自身组织，或者通过叶片排出盐分。全世界有 54 种不同的红树林植物，它们生长在陆海交界处，通常分布于北纬 25 度和南纬 25 度之间。为了最大限度地利用有限的氧气，有些红树林植物的根部发育出形似潜水员换气管的气生根，这些气生根裸露在土壤外，从而在水面以上进行呼吸作用。

红树林植物可以闭合叶片上的气孔并调整叶片方向避开阳光，以此减少水分流失。美洲红树就连树皮上也长有气孔。

红树林是上演各种交换活动的舞台。它们是空气、土壤、海水与淡水共同造就的栖息地，为许多生物提供了家园和食物。

在红树林下的软泥中，真菌和微生物将倒下的植物消化分解，让其中的营养物质继续循环。树蟹沿着树根上下奔跑，受到惊吓就躲进泥里。濒危的玳瑁在失去珊瑚礁栖息地后，便在红树林的树根之间栖身。许多虾类和鱼类的幼体也住在这里，比如柠檬鲨、巨石斑鱼和虹彩鹦嘴鱼等。背眼虾虎鱼能够储存水分，因此在退潮期也能在地面上活动，它们可以在没有水的环境里坚持 36 小时之久；有些背眼虾虎鱼甚至可以用鳍爬树。蛙类紧靠在树叶和树皮表面。刺蛾毛虫的皮肤与红树林树叶一样呈绿色，体侧长有成簇的刺毛，以树叶为食。树冠是鸟类、飞蛾、蜥蜴和猴类的家园。鹈鹕在树冠上筑巢。许多物种的生存完全依赖于红树林。最后 48 只侏三趾树懒紧紧抓住埃斯库多－德贝拉瓜斯岛上的红树林，它们的微笑惹人怜爱，满身粗毛让它们看起来活像一个个椰子。

红树林植物的花朵依靠昆虫、鸟类和蝙蝠传粉。种子还附着在树上时就已经开始萌芽，发育成繁殖体——浮在水面、随洋流漂向四方的种苗。漂浮的种苗要等待数日才会扎根，以便有足够的时间远离母树。扎根之后，种苗从水平变为垂直，沉到海床上开始生根。

海蛄虾在树下的地底深处挖掘隧道，将营养物质带到地表，排出水分，同时让氧气进入土壤。海蛄虾挖出的泥土堆可高达 2 米，红树林植物的幼苗便从土堆中萌发出来。

红树林是这个星球上最重要的生态系统之一。其他树木落下的枝叶会在腐烂过程中释放甲烷和碳，但红树林的枝叶却会沉到海床，被泥土覆盖，它们所含的碳也随之埋藏在海底。因此，红树林的储碳量是其他森林的 5 – 10 倍。它们发挥着防波堤的作用，可以减少沿海地区的土壤侵蚀，吸收海啸的冲击力，从而拯救生命。它们还能过滤受污染的水体。在红树林得到修复的地方，鱼类和软体动物的数量也有所增长；树根就是它们的温床。另外，全世界近 80% 的捕鱼量都依赖于红树林。

红树林正在遭到破坏，被各种沿海开发建设取而代之，其中养虾场的影响尤其严重，占红树林损失面积的 35%。虾塘内含有虾粪、抗生素和杀虫剂的污水倾泻而出，对环境造成了严重的破坏。最终，虾塘内积累的毒素过多，只能弃之不用。于是更多的红树林被连根拔起，为更多的虾塘腾出空间。

气候变化导致的海平面上升可能是红树林面临的最大威胁。孙德尔本斯（Sundarbans）是全世界最大的红树林之一。它坐落在孟加拉湾以北的河流入海口处，横跨印度和孟加拉国两国，是展现红树林所容纳的生命及其所遭受的威胁的绝佳范例。这里有许多不同种类的红树林植物，是白斑鹿、渔猫、丛林猫以及华丽的孟加拉虎的家园。

尽管孙德尔本斯是联合国教科文组织的世界遗产，但它正在逐渐被养鱼场、水坝、污染和石油泄漏摧毁。这片位于入海口的红树林边缘有一座火力发电厂，印度和孟加拉国政府目前正打算在这座发电厂周围兴建一个巨型工业区。气候变化导致孙德尔本斯的一部分红树林正以每年 200 米的速度缩小；而海平面上升已经淹没了另外 7500 公顷的红树林。

与保护和恢复海草与盐碱滩一样，保护和恢复红树林是最有效的吸收大气中碳的方式之一。

水

我们对月球表面的了解远多于对海底的了解。即使今天，海洋依然是个谜。海面与天空相接的海平线就像未翻开的书页，浩瀚无边的大洋让我们感受到辽阔，感受到我们相比之下是多么渺小。我们的生命本身就从水中开始，当我们出生时，水几乎占了我们身体的 80%。这就是我们被水深深吸引的原因吗？要想摆脱我们与大自然的脱节感，最便捷的方法之一就是从一种元素纵身跃入另一种元素，感受水体的热烈拥抱。

海洋容纳了数不胜数的地球生命，海洋生物的数量多到让我们一度觉得它们取之不尽。然而据估计，我们已经让大型鱼类的数量减少了 90%。

直到不久之前，海洋还能够吸收我们所产生的巨量二氧化碳。大气中的部分二氧化碳溶解在海中，还有部分被浮游植物用来进行光合作用。但是，随着海水酸度和温度的升高，海洋吸收碳的能力已经大不如前。

没有水，我们活不过 3 天——可我们却在浪费水，水资源匮乏正在发生。另外，我们也在污染水资源。药物、污物、工业和农业废水渗入水体，伤害甚至杀死河流和沿海水域中的生命。人们现已在某些极其偏远的地方发现了微小的塑料颗粒，比如马里亚纳海沟深处的海水和珠穆朗玛峰山顶的寒冰；雨滴、母乳和血液中都发现了有毒的含氟表面活性剂（PFA）。

我们对水体的改造撼动了整个地球。2016 年，NASA 的一项研究认为，冰冠的融化和地下水的抽取正在改变地球的重量分配，导致地球在自转轴上摇摆不定。

生活在水中，
能够净化水体或吸收水中二氧化碳的，
正在消失的物种

玳 瑁

Eretmochelys imbricata

它在水中滑行。鳍状肢像翅膀一般上下扇动，又像船桨一般轻轻摇摆。

如果没见过玳瑁，你怎么可能想象出它的模样？弯钩状的鹰嘴，布满鳞片的蛇头，圆圆的杏眼，长有手风琴似皱皮的脖颈和鳍状肢关节。从顶部俯视，玳瑁的甲壳边缘呈锯齿状，整体形状好似椴树的叶子；从侧面看，外壳呈符合流体动力学的矛头状，头尾和 4 个鳍状肢伸出体外。玳瑁已经在地球上生存了约 4500 万年，它的鳍状肢在放松状态下让人不禁联想到插图中神河龙的四肢。“美轮美奂”和“如梦似幻”等词语正是为这样的生物而创造的。从顶部俯视，玳瑁美丽斑驳的背壳与经过海水折射到海底的大理石纹光线十分相似。有些年长的玳瑁背上还长满藤壶，让其看起来就像一块漂浮在水中的暗礁和石头。

它如梦似幻，也真实存在。它在地球上生存的时间远长于它最大的敌人——智人。它的祖先在那场导致恐龙灭绝的灾难中幸存下来，度过了之后的 6600 万年。玳瑁锋利的喙善于斩断让珊瑚窒息的有毒海绵，并进化出消化这些海绵的能力。玳瑁的肋骨和脊椎同外壳融为一体，使它几近坚不可摧，除了鳄鱼、鲨鱼和章鱼，无所畏惧。

海龟凭借敏锐的嗅觉探寻猎物，还拥有能够将海水中的盐分分离出来的独特器官。它们借助地球的磁场在海洋里遨游。

玳瑁过着孤独的生活。雌玳瑁可能要到 30 岁才首次交配。而将卵埋在岸上之后，雌玳瑁便回到大海，永远不会看到幼龟破壳而出的场景。在来自祖先的模糊记忆的驱使下，刚破壳的幼龟向月光粼粼的水面奔去，但现在它们可能被城镇的灯光误导，永远无法抵达大海。而其他幼龟不得不逃过螃蟹、野狗和猛禽的利爪才能到达大海。能活到成年的玳瑁寥寥无几。有幸成年的雄玳瑁将在海里度过一生，而雌玳瑁还会回到它们出生的海滩产卵。幼龟的性别取决于孵卵的沙子的温度：温度越高，孵出的雄龟数量就越少。气候变化不仅破坏了雌雄玳瑁的比例，还扰乱了洋流，因此又会干扰玳瑁的导航能力。

虽然这种动物成功适应了环境，并且在海洋栖息地的平衡中扮演着关键角色，但玳瑁的数量遭到了毁灭性的减少。面对炸鱼捕捞、让玳瑁陷入其中溺死的刺网、摧毁它们筑巢地的海滩设施以及盗卵的偷猎者，玳瑁古老的铠甲——背上的盾牌（甲壳）和下面的铠甲（腹甲）——毫无招架之力。

珊 瑚

我们总是期待看到缤纷的色彩。我们见过这样的照片：鱼群反射日光，闪耀着生命的光芒——绿色、黄色、红色——唯有灰蓝的海水让它们灵动鲜活的色泽显得不那么耀眼。软珊瑚浓烈的颜色是那么纯净，那么鲜艳，那么光彩夺目。鱼儿在珊瑚形成的树木、卵石、板块、蘑菇、桌台、鹿角、手指、触手和花边之间游弋……

珊瑚礁中，各种声音此起彼伏，生机勃勃。鼓虾用螯发出爆响，鹦嘴鱼在咀嚼珊瑚中有害的藻类，橙色的金鳞鱼发出低吼，蝙蝠鱼有节奏地发出类似电贝司的低音。在它们下方，历经成千上万年耐心构筑起的巨型礁体一直延伸到大海深处。

———

那都是从前的光景。现在，死去的珊瑚躺在我们眼前，像一间满眼灰色的书房，隐没在雾蒙蒙的、一望无际的海水中。有些地方不是灰色，而是棕色，上面覆盖着令珊瑚窒息而死后寄生在珊瑚骨骼上的束状藻类。这里没有鱼。偶尔有一两条，但再也不复往日鱼群繁多、争奇斗艳的景象，那不仅仅是游动挂毯一般的美丽点缀，而是真正意义上的财富。

珊瑚礁中生活着近百万种不同的生物。珊瑚礁是许多鱼类繁育后代的温床，也是极具吸引力的旅游景点。它们保护红树林和海草床等其他生态系统免遭风暴和海啸的破坏。然而，如今的珊瑚礁损失惨重：捕鱼用的炸药和氰化物、污染、促进藻类大量繁殖的农业废水、过度捕捞、拖网渔船的拖网作业、船只的防垢处理、锚和潜水者的破坏，还有排出沉积物导致珊瑚窒息而死的疏浚工程，这些都是元凶。在全球范围内，珊瑚正在消亡。过去 20 年间，世界上 50% 的珊瑚遭到破坏，完好无损的珊瑚礁寥寥无几。

珊瑚是一种动物，其基本单位是珊瑚虫。珊瑚虫生有若干触手、一张嘴和一个胃，身体包裹在碳酸钙骨骼中。大部分珊瑚虫的骨骼中空且透明，为一种名为虫黄藻的微小藻类提供了栖息地，正是这种藻类赋予珊瑚鲜艳的色彩。动物和植物之间形成了互利互惠的关系。珊瑚虫产生二氧化碳和水供给虫黄藻，虫黄藻通过光合作用将其合成为氨基酸、甘油和葡萄糖。这些产物中的 90% 都被珊瑚吸收，为其自身的生长提供能量。珊瑚虫的骨骼朝向阳光生长。夜间，当氧气含量降至最低水平时，鱼类会扇动鱼鳍，给它们的珊瑚宿主供氧。珊瑚虫既是园丁也是猎手：它的触手上长有有毒的“鱼叉”——刺丝囊，可以麻痹体形极小的浮游动物，有时甚至可以捕捉小鱼。

海洋污染、海水温度升高和酸度改变破坏了虫黄藻进行光合作用的能力，此时珊瑚虫就会将它们排出体外。由于虫黄藻是珊瑚色彩的来源，珊瑚也因此白化。白化珊瑚没有死去，只是变得很脆弱。如果藻类无法返回，或者反复多次白化，那么珊瑚就会死去。为了让珊瑚礁复苏，人们进行了多种尝试：用盐晶体增亮云层，使其反射更多的光和热，以免被海水吸收；播放珊瑚礁中各种噪声的录音，吸引鱼类前来；安装人造珊瑚，为珊瑚虫提供居所。有观点认为，即使这些孤注一掷的措施真的有效，它们也只能为珊瑚礁多争取几十年的时间；确保珊瑚未来生存的唯一长效措施是减少碳排放。

在珊瑚最终死亡前的几个小时，它们会迸发出鲜艳的荧光。有一种观点认为，这或许是它们保护自己免遭紫外线伤害、吸引藻类归来的最后一次尝试。

生活在珊瑚礁中的
物种

大齿锯鳐

Pristis pristis◆

天气太热，太潮湿，连昆虫都噤声不语。没有鸟鸣。没有一丝风。没有风吹树叶的簌簌声。没有任何动静，唯有玻璃般的溪水淙淙奔流。藤蔓向下扎根，树苗从红色岩石的裂缝中生长出来。而它就在那里，粉白的线条勾勒出它的轮廓，显露出它的鳍和独一无二的“锯子”。它的牙齿是红色的。曾有一只手握住白垩石在岩壁上作画，透过这些一挥而就的精简线条，可以看出那只手是多么灵活有力，这幅作品仿佛在 1 小时前刚刚完成。但这幅画有多么古老，8000 年，还是 40000 年？

这幅画所怀念的对象比画作本身还要古老：幻梦时代。在那段岁月里，是锯鳐在大地上划出河道，也是锯鳐在大海和陆地间跋涉，为它的族群寻找栖身之所。在创作这幅画的时代，锯鳐这个物种就已经同作画的岩石一样古老，历经了数千万年的时光。其直系祖先的化石可上溯至大约 6000 万年前的新生代早期。

大齿锯鳐能够在咸水和淡水之间穿梭往来。有记载表明，这种鱼曾经沿亚马逊河逆流而上 1300 公里。尼加拉瓜湖中也生活着一个大齿锯鳐种群，它们顶着圣胡安河湍急的河水逆流来到此地，就像鲑鱼一样。

这种鱼的眼睛长在头的上半部，从而使其能够将身体半埋在沙子里等待猎物——小型鱼类和甲壳动物。锯状吻部是头骨的延伸，约占其体长的 1/4，两侧布满突出的牙齿。虽然锯鳐的身体前半部只能像冰鞋一样直线滑行，但后半部却可以如鲨鱼般，通过左右摆动向前推进。

锯鳐虽然属于掠食者，但它的嘴太小，无法捕食大型鱼类。布满牙齿的锯形吻部长有电感受器细胞，这让它拥有了第六感，能够感知到猎物发出的最微弱的电场，因此，它可以在浑浊的水体或夜间捕猎。它将身体侧向收缩，像挥舞马刀般挥动锯形吻部，猛地将猎物打晕。

锯鳐幼鱼出生时先露出锯形吻部，此时牙齿已经长好。它们的生长速度十分缓慢，10 年才能成熟，成鱼体长可达 6 米，寿命可达 35 年。锯鳐一次可产下 13 条幼鱼，但与一次播撒数百万枚鱼卵的其他鱼类相比，简直不值一提。幼鱼在河流入海口水域出生，它们逆流而上，在淡水里度过生命中的最初几年，随后再回到大海之中。红树林是幼鱼的栖息地，为它们提供庇护和食物。

大齿锯鳐一度数量众多，在世界各地温暖的沿海水域均有分布。但现在，它们已在 29 个国家消失。锯齿让它们很容易被渔网缠住，许多锯鳐被当作捕鱼的意外收获，也有人捕捉它们只是为了取乐。它们的鳍和锯形吻部被割下，而身体则被丢回水里，在痛苦中慢慢死去。同鲨鱼类似，锯鳐也是传统医学和部分地区喜食鱼翅的受害者，它们正是因此被割去了鱼鳍。锯鳐的栖息地正遭到沿海开发的摧毁。在非洲西海岸，对于当代渔民而言，锯鳐已成为传说，是他们父辈的遥远记忆。

◆ 标题英文 largetooth sawfish 意为“大齿锯鳐”（常用学名 *Pristis perotteti*），但下附拉丁文学名 *Pristis pristis* 在中文里常对应“小齿锯鳐”。近期的分类学表明，这两个“物种”在形态学和基因学上都没有区别，“大齿锯鳐”和“小齿锯鳐”现已被视为同一物种。在 IUCN 红色名录中，物种 largetooth sawfish 的拉丁文学名已更新为 *Pristis pristis*。

叙利亚豆娘

Calopteryx syriaca

它抬起了一条前脚，揉搓巨大的左眼。它将头部扭转了近 90 度，随后又转回原处，接着迅速抬起另一条前脚，清洁另一只眼睛。这双眼睛硕大无比，每只眼球都是由数千个光接收单元组成的蜂窝状结构。这感觉一定像是透过水晶球来观察世界，能够早早察觉到猎物和掠食者。

叙利亚豆娘的腿看似弱不禁风，完全无法支撑它那泛着金属光泽的蓝色胸部，胸部肌肉是那两对透明蓝色翅膀的动力源。此刻，它在阳光下展开翅膀，一眨眼的工夫便腾空而起，迅速向前飞去，然后上下移动。这与鸟类的俯冲飞行完全不同，充满意料之外的动作，时而悬停空中，时而骤然飞驰，时而躲避陷阱，时而捕捉猎物。

雄性叙利亚豆娘呈金属蓝色，而它的伴侣则是金属绿色。雄性的翅膀末端有一块黑斑，而雌性的翅膀末端有一个白点。

有些品种的豆娘会划开水生植物的茎秆，将卵产在里面。它们将自己包裹在气泡中，并从中获取氧气，然后沿着茎秆向下爬进水里，期间时不时停下脚步，小心翼翼地切开茎秆产卵。氧气耗尽时，雌性豆娘就会浮到水面，将腹部弯曲，此时它的身体会反光，很容易吸引鱼类，这对它十分危险。

豆娘的卵需要数周时间才能孵化成若虫。若虫已经长出了硕大的眼睛和突出的下颌，口器可以灵活调节方向，并像拳击手出拳一样快速弹出，捕捉水蚤和孑孓。

经过长达 3 年的发育，若虫将踏上陆地，等待羽化。在夏日的热浪中，它只有几周时间用于捕猎、舞蹈和交配，让自己的基因在未来传承下去。而这个物种的未来正面临着威胁，因为叙利亚豆娘的生存依赖于清澈、自由流动的水体。

最近一段时间，人们仅在上约旦河谷、雅尔穆克河的部分地区和阿杰隆地区观察到了叙利亚豆娘的身影。夏季越来越长，越来越热。约旦河沿岸的人口不断增长，改道的河水越来越多——高达 98% 的约旦河水未能汇入死海。死海的水位正以每年 1 米的速度下降。而且附近形成了一些巨大的沉降坑，让旅游胜地也陷入其中。

位于约旦河上游的加利利海是以色列最大的淡水资源，但这片水域的盐度正在升高。约旦河水大都用于农业。以色列甚至在半沙漠地区种植耗水量巨大的土豆，并将其出口到欧洲。约旦河沿岸国家“回馈”给河流的是农业废水、咸水和未经处理的污水。过去，约旦河中栖息着 28 种鱼类，而现在只有 8 种依然生活在这里。

———

叙利亚豆娘身披绿色和蓝色的虹彩，它是一类不同寻常的、美丽且古老的昆虫的典范，这类昆虫已在地球上兴旺繁衍了 3 亿年之久。这条河流的健康对于叙利亚豆娘和当地人民的未来同样重要。

有人认为，是叙利亚的长期干旱导致了 2011 年的内战爆发，而在未来 20 年中，因气候变化而受灾的难民人数将远远超过因武装冲突而逃离该地区的难民人数。

以色列和约旦正在合作修建一条将红海的海水淡化厂与死海连通的管线。这的确是一缕希望的曙光，然而，大多数这类海水淡化厂（全球范围内共有 17000 家）每淡化 1000 立方米淡水所产生的二氧化碳多达 6.7 吨，另外，卤水的排放也会改变周边地区海水的化学成分。

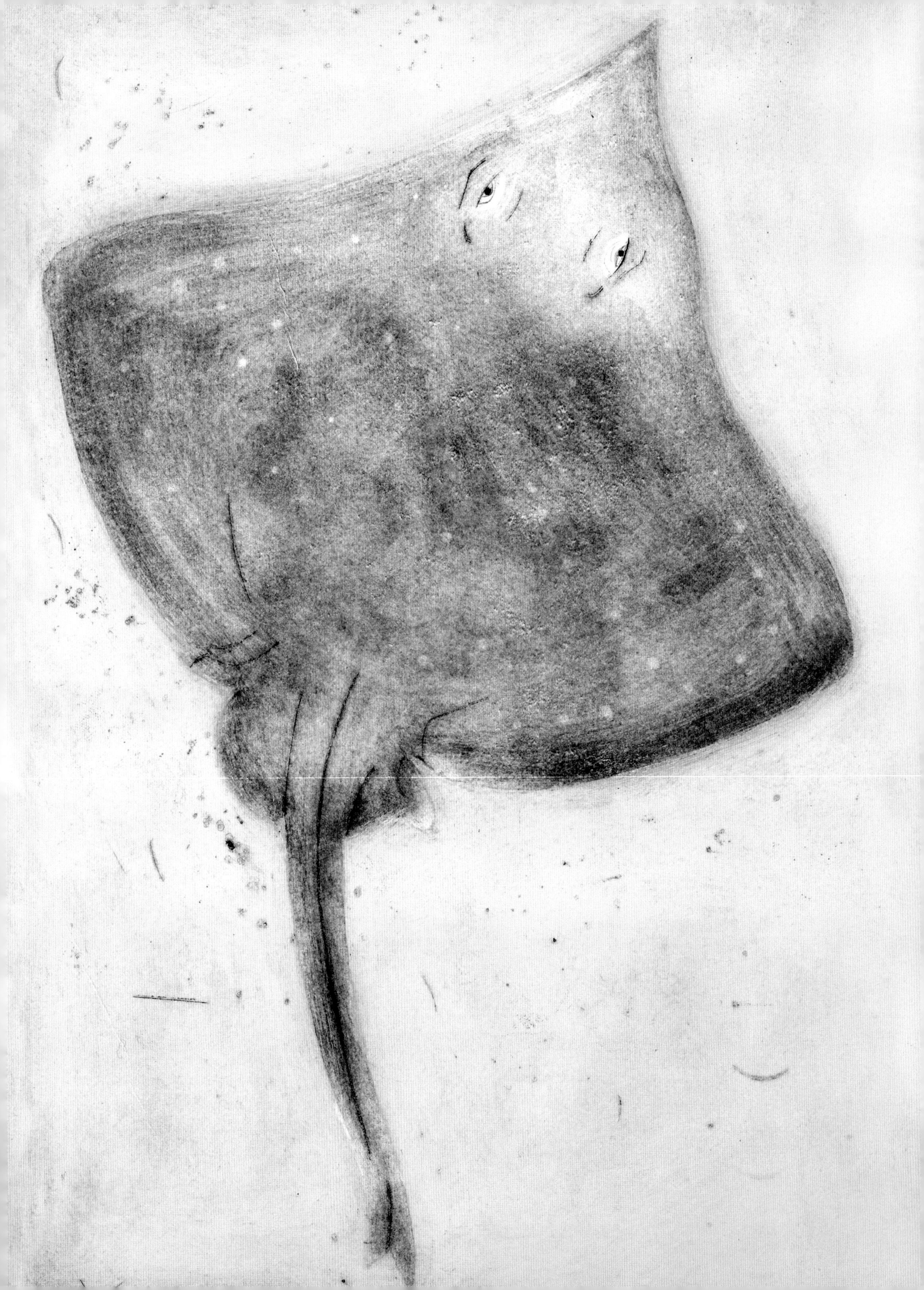

间型长吻鳐

Dipturus intermedius

在幽暗的环境中，海藻轻轻摇晃，修长的叶片迎着阳光飘荡。这里是北大西洋。海沙上躺着一条棱角分明的鳐鱼。它周围的海床上覆盖着一层沙砾，四处散落着贝壳的碎片。在更远的地方，海草所依附的岩石隐没在黑暗之中。

这种鳐鱼黄褐色的背部布满斑点，宛如记录遥远星辰的模糊图像，像是群星的烙印。每条鳐鱼背上的图案都独一无二，是辨别不同个体的标识。

这条大鱼似乎没有发力就让整个身体缓慢悬浮起来。接着，它不易觉察地摇了摇尾巴，流畅地游进了“海藻森林”。它的“翅膀”尖端向上竖直卷曲，并短暂地滑行了一阵，好像孩童想象中的宇宙飞船。接着，“翅膀”回到水平位置，开始上下扇动，推动这条鳐鱼游向幽暗之地。

间型长吻鳐发育至成熟所需的时间与人类不相上下：11 年。它们的体长可以达到 2.8 米，翼展可达 2 米，体重可达 100 千克之多，寿命可长达 1 个世纪。雌鳐鱼在沙砾或泥土中产下卵囊（又称为卵鞘），利用岩石保护其免受水流的冲击。关于这个物种，至今我们仍所知甚少。20 世纪，不列颠群岛周边都可以见到这种动物；而现如今，人们只能在苏格兰北部和北爱尔兰附近海域以及凯尔特海发现它们的身影。

间型长吻鳐受到欧盟法律的保护。缓慢的生长速度和低繁殖率使这一物种很容易面临危险。另外，它们很容易被在海床上拖曳的巨大工业级渔网捉住。

眼下，鱼类资源的缩减十分显著，在英国水域内，即使采用超大型拖网渔船、尼龙渔网和鱼群定位声呐等一切手段，我们的渔获也只相当于先辈用小帆船捕捞的很小一部分。全世界 1/3 的渔场遭到过度捕捞。尽管渔业造成的破坏客观存在，且大多数政府也承认这一点，但渔业依然能得到补贴，从而更进一步削减了鱼类的供应量。间型长吻鳐的数量已减少了 80% 以上。

欧洲鳗鲡

Anguilla anguilla

对于静候它们的河流，它们有印象吗？对于弓着身子虎视眈眈的灰鹭，树影和潮湿土壤的气味，它们有印象吗？

它们的故事开始于 5000 公里外的地方，在温暖的马尾藻海，在金黄色的马尾藻下。这是一片没有海岸的海，是世界上唯一一处不以陆地为界、仅由 4 股顺时针洋流围成的水域。马尾藻海位于百慕大以东约 1610 公里处，面积与中部欧洲相当，这是一片传奇之海，也是目前已知的欧洲鳗鲡唯一的产卵地。

欧洲鳗鲡的卵像气泡一样圆润透明，正中间是一团深色的油滴：那就是营养丰富的卵黄，为幼鳗在深海中度过的最初几天提供养分。它们生来就是旅行者。刚刚孵化数天的幼鳗体长不到 1 厘米，身体充满胶质，像蝌蚪一样脆弱，此时它们就敢于游出深海，勇闯大洋，去寻找一个它们连见都没见过的国度。没人知道究竟是什么吸引它们离开出生的水域。它们有时靠自己游泳，但大多数时间是随波逐流，任由温暖的墨西哥湾流推动它们向前。河流是这场朝圣之旅的终点。在洋流的裹挟之下，它们或许要花两年时间才能抵达欧洲。

这些鳗鲡在启程时还是柳叶鳗◆（英文 leptocephali 的字面意为“细脑袋”）。此时它们的眼睛又黑又大，身体扁平透明，形似柳叶，像风帆一样顺从地随洋流漂荡。在逐渐靠近陆地的旅程中，它们的身体渐渐拉长成管状，口鼻部变得更软更圆。当燕子成群归来时，玻璃鳗也蜂拥而至，聚集在英国至俄罗斯一带的河流入海口。

有人认为，是陆地的气味吸引它们前来，让它们正好能赶上朔望潮，顺势前往河流上游。在淡水中，它们的身体变成银色，成为像鞋带一样的幼年鳗鲡——鳗线。直到这时，它们才会确定性别，但没人知道背后的原因，也没人知道这一过程是如何发生的。它们扭动身躯，游进完全陌生的、更浅也更繁忙的水域。

它们怀着英雄般的决心逆流而上，然后贴在卵石上休息。只有寥寥无几的鳗鲡能越过比它们大许多倍的堰坝、鲑鱼梯道★和水坝。雌鳗鲡游得更远，雄鳗鲡则偏爱相对靠近大海的水域。它们是独居动物，一旦找到自己满意的河段就会在这里安家，一住就是 20 年之久，以蠕虫、昆虫、软体动物和青蛙为食，躲避水獭、鹭鸟和麻鳽。这时，它们的身体背部呈亮晶晶的泥棕色和暗橄榄色，体侧呈黄色，这样的配色让它们在芦苇丛中或河床上完美地隐藏起来。它们的鳞片、几乎看不见的鳃部和运动方式都很像蛇，但镶有银边、乌黑发亮的大眼睛依然像鱼类，钩状的嘴也依然是鱼类的特征。

鳗鲡在水流中像芦苇一样荡漾。铲状头部使其能在淤泥里挖洞，并藏身于卵石之间。鳗鲡是一种生性羞怯的生物，在夜间捕猎。冬季，它们盘绕身体进入半休眠状态以保存脂肪，有朝一日，它们还要靠这些脂肪回到家园。完全发育成熟的鳗鲡身体和拳头一样粗，比人的胳膊还长。它们袭击猎物或逃离危险的速度都很快。

没有人知道究竟是什么召唤它们回到大海。洄游之旅在 10 月新月初上、没有星光的潮湿夜晚启程，就在鲑鱼到来、河水上涨后不久。它们借着夜色的掩护顺流而下。为了避开水坝，有些鳗鲡会绕道陆地和小水渠，而鳞片让它们能够通过皮肤呼吸。到达入海口时，它们再一次适应大海的环境：皮肤变厚，鳍变宽，腹部颜色变

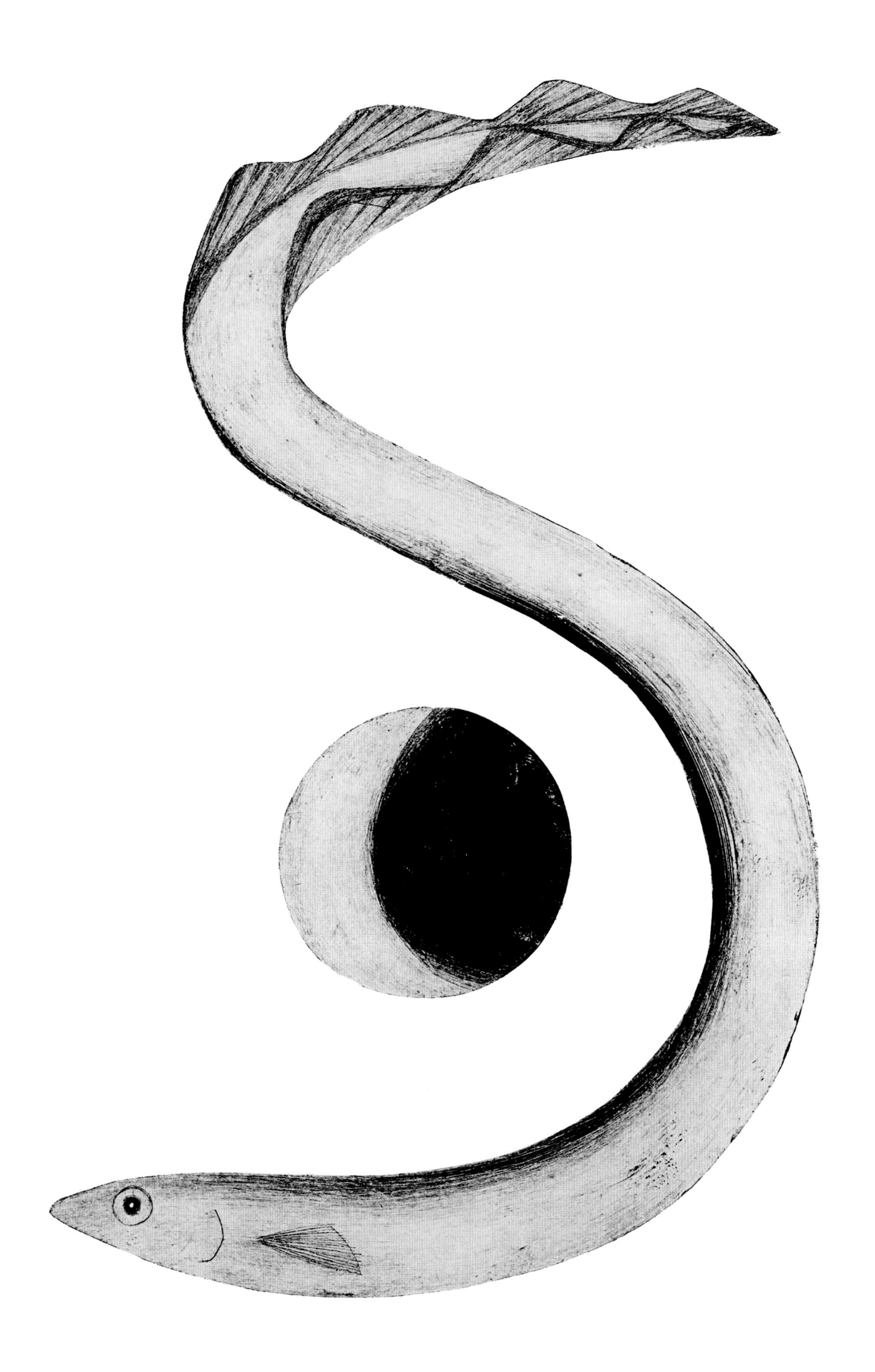

深，眼睛变大并发育出适合在海洋中视物的色素。它们的内脏溶解，因此无法进食。在前往马尾藻海的 5000 公里旅程中，它们只能靠在河流中储存的能量维持生命。

为了躲避掠食者，它们始终躲在深水区，只在夜间游到水面附近。人们在生活于 1000 米以下深处的灯笼鱼和蝰鱼的腹中发现过欧洲鳗鲡的残骸，但是从来没有人完整追踪过它们的迁移历程，也没有人见过它们产卵。

数百万年来，这些鳗鲡一直前往马尾藻海繁殖。这片海离陆地如此遥远，所蕴含的丰富生命也无比神秘。马尾藻海是大西洋最深的海域之一，是珊瑚、海绵、当地特有的躄鱼和其他人类几乎一无所知的生物的家园。座头鲸的迁徙路线穿过马尾藻海，大西洋鲭鲨在这里繁育后代，刚孵化的小海龟从美洲跋涉数千公里之后，也来到这里栖居。飞鱼在马尾藻中用泡沫筑巢。刺鲅、纺锤鰤和鳞鲀在海草穹顶下觅食，海鸟在海草上休息。

英国的鳗鲡数量一度十分充沛，人们甚至可以用枕套捞起一兜兜鳗鲡，还会举行吃鳗鲡比赛，看谁吃得最多。这些鳗鲡还被制作成肥料和家禽饲料。但是到 2015 年，鳗鲡数量大幅减少，以至于格洛斯特郡弗兰普顿的乡村集市，在举办鳗线大胃王锦标赛时不得不用做成鳗鲡形状的西班牙鱼糜来替代鳗线。

欧洲鳗鲡无法在人工饲养的环境中繁殖，只有在发育成鳗线之后才能人工养殖。而且，人工养殖的鳗线大多数都会变成雄性，原因未知。尽管欧盟不允许将欧洲鳗鲡出口到欧盟之外，但每年还是有约 3.5 亿条鳗线被走私到其他地区。如果将交易的动物数量作为衡量标准，那欧洲鳗鲡走私将是全世界最严重的野生动物犯罪。

过去 30 年，鳗鲡幼体的数量直线下降了 90%。不断升高的气温正在削弱送它们渡过大西洋的洋流。1986 年以前，多氯联苯（PCB）等人造化学物质一直广泛用于制造阻燃剂、黏合剂、杀虫剂、润滑剂、塑料、油漆和纸张，且至今仍在向自然环境中缓慢释放，从而杀死鳗鲡卵，也让成年鳗鲡失去生育能力。多氯联苯不易分解，对人体也有致癌性。水电站的涡轮会斩断鳗鲡的脊椎，伤害它们的内脏。失去一条雌鳗鲡就意味着失去它体内的数百万枚卵。在 10 月鳗鲡洄游的 20 多天里，涡轮机可以停止夜间运行，也可以建造鳗鲡通道。

据估计，每年从马尾藻海出发的 100 万条鳗鲡中，最终只有 1 条能再回到这片海域。我们让它们的旅程徒增艰险，在解开谜团之前，就已将它们的生存推向险境。

◆ 鳗鲡一生中要经历数个形态不同的阶段，依次是柳叶鳗（又译为叶状幼体）、玻璃鳗、鳗线、黄鳗和成年银鳗。

★ 鲑鱼梯道，又称鱼道或鱼梯，为帮助洄游性鱼类逆流而上的设施，多为相对平缓的阶梯状水道。

海 獭

Enhydra lutris

海獭在水面下滴溜溜地打转，好像一团圆滚滚的深色毛球。它正在向自己的皮毛中吹气。海獭的皮毛是所有动物中最浓密厚实的，每平方英寸皮肤上的毛发多达100万根，这样的皮毛可以固定气泡，将海獭与太平洋冰冷的海水隔绝开来。气泡为海獭增添了额外的浮力，所以我们可以看到这样的画面：群聚的海獭仰面浮在海藻中，头朝上，后脚翘出水面，仿佛躺在吊床上。它们的圆脸上长着浅色的胡须，鼻子形似扑克牌中的黑桃，黑溜溜的小眼睛间距很宽，为它们优雅的气质平添了几分可爱。有些海獭在梳妆打扮，揉搓自己的皮毛。这身皮毛的隔热性能关乎生死：与其他海洋哺乳动物不同，海獭没有皮下脂肪。

一只海獭母亲怀抱着幼崽，在温柔的波涛中起伏荡漾。它用海藻裹住宝宝，将其固定住，以免其在自己觅食时漂走。它的幼崽还太轻，无法潜水。海獭母亲打了个滚，深吸一口气，流畅地潜到水下。它探出水面又回到水里，动作一气呵成，一身皮毛油光水滑。它并拢四足，优雅地摆动身体，让自己向海床潜去。它在海藻的茎叶间来回穿梭，搜寻海胆。它抓起一个海胆，敏捷地将其藏到腋下的囊袋里——这个囊袋正是为此进化出来的。又找到一个海胆之后，它便踩水向水面游去。它找到自己的幼崽，翻身将脑袋露出水面，两只前爪紧握住一只海胆，嘎吱嘎吱地啃了起来。海獭是少数懂得使用工具的动物之一。它们浮在水面，将一块石头放在胸前当作铁砧，用来砸开贝类和鲍鱼。

时至今日，海獭仍因其柔软浓密的皮毛而遭杀戮。20世纪初，它们险些因为皮毛而绝种。海獭太少导致海胆的数量成倍增长，海胆将海藻清扫一空，而海藻又是巨儒艮的食物。结果，这种儒艮在被人类发现的27年之后就因缺少食物而灭绝。《1911年北太平洋海狗保护公约》签署之后，海獭的数量有所回升。

如果没有海獭，北太平洋沿岸的海床上就不会有海藻。这些海藻的高度可以达到50米，和杨树一样高，随海水轻轻摇曳，向光生长。“海藻森林”能清洁水质，也是许多物种的庇护所和鱼类产卵的温床。据估计，在全球范围内，包括海藻在内的各种海草每年可吸收6亿吨碳，大致相当于英国碳排放量的2倍。

泄漏的石油会让海獭中毒，还会破坏其皮毛的隔热性能。失去保暖的皮毛，海獭很快就会冻死。海獭的许多疾病都与杀虫剂中所含的双对氯苯基三氯乙烷（DDT）、多氯联苯以及防污涂料（广泛应用于船只）中所含的三丁基锡（TBT）有关——这些化学物质都会在环境中存在很久，而且会在海獭的食物中富集。2015年，海水暖化导致藻华暴发，藻类中的毒素令300只海獭中毒。保护海藻的守护者——海獭，就是在保护一个至关重要的生态系统，而这个生态系统正是维护海洋从大气中吸收二氧化碳的能力的关键要素。

海 草

叶片温柔地摇晃，伸向朦胧的光。一只海马倚靠在海草宽大的叶片上，好像落入水中、悬浮在那里的儿童玩具。它用尾巴缠住海草根部从而将自己固定，以免被水流冲走。海马是一种鱼类，用于呼吸的鳃部位于机灵的大眼睛后方，而两只眼睛可以分别独立转动。它看起来像一条微型的龙，体表长有凸出的矩形骨板，仿佛它原本想成为某种别的生物，最终却化为一条鱼。游泳不是海马的强项，它只会像挥舞旗帜那样飞速振动背后的鳍，以一种古怪的方式推动身体前进。胸部的曲线和弯曲的头颈让它看起来好像国际象棋棋盘上的骑士，但比骑士更纤细、更精巧，毫无威慑力。它的尾巴像藤蔓的卷须一样盘绕，这就是神话传说中马形海兽的尾巴。另一只海马游过来同它汇合。它们面向彼此，跳起舞来。它们肩并肩竖直向上游去，穿过水柱绕了几圈，再次转向彼此，面颊上泛起海藻般的金色。

海草草甸是它们的家园，这里有充足的食物和躲避螃蟹的藏身之所。从全球范围来看，海马所面临的最大威胁是用作药材和宠物贸易；而在英国，它们所遭受的主要威胁是栖息地的流失。海草草甸是最古老的生态系统之一，地中海的一片海草草甸被认为已有 20 万年的历史。

海草看起来像草，但实际上，它们与姜和睡莲的亲缘关系更近。海草是唯一能在水下开花的植物，只不过为它们传粉的是虾类而不是蜜蜂，是水流而不是风。濒危物种大西洋鳕鱼的幼鱼在海草叶中藏身。海草草甸是 5 种最具商业价值的鱼类和其他数百种鱼类繁育后代的温床，然而有人认为，我们正在以每小时 1 公顷的速度摧毁海草草甸。在英国，超过一半的海草草甸已经消失。

海草能释放大量氧气，而氧气有一定的抑菌作用：在海草草甸附近，珊瑚礁的发病率只有其他地区预期发病率的一半。死去的海草在海床上形成球形团块，据估计，仅地中海海域，每年就有 9 亿块塑料被这些海草球缠住。当它们被冲上海岸时，塑料也就和它们一起离开了大海。

海草可降低海水的酸度，有利于贝类繁殖，海草的根部还可以稳固近岸海床。黑雁等鸟类集结成群，叽叽喳喳地前来采食海草。某些品种的海草吸收二氧化碳的速度是热带雨林的 35 倍之多。而当海草死去，它们会落入海底沉积层，将它们所吸收的碳一同带走。

英国共有 4 种海草。沿岸开发、海底拖网捕捞、疏浚工程、污水排放和工农业化学用品都对它们造成了破坏。这些因素不仅杀死了海草，还促进了有毒藻类的生长，而毒藻会遮蔽海草所需要的光线。海岸边有广袤的区域可以种植海草。与“海藻森林”一样，修复海草草甸也是复兴海洋生命，让海洋从大气中吸收二氧化碳的捷径之一。

西印度海牛

Trichechus manatus

西印度海牛缓缓移动，穿过佛罗里达州附近的浅海，像一艘巨大的水下齐柏林飞艇。它硕大的口鼻部长有粗硬的须毛，眼睛周围有阴影，上唇肌肉发达，嘴唇的角度很适合撕咬海草。宽大的鳍状肢自然下垂，这对鳍状肢不仅可以游泳，还可以让海牛在海床上行走。弯曲的大尾巴沉稳地上下拍动，推动海牛前行，然后只需轻轻一扭即可改变方向。海牛通常独居，但是在冬季，它们会聚集在温泉附近取暖。遇见同类时，它们会扭动身体，翻滚嬉戏，或者用又短又笨拙的鳍状肢紧紧拥抱彼此。海牛母亲和幼崽会一起生活长达 2 年。成年海牛的体长可达 4 米，体重达半吨，寿命长达 60 年。海牛是已知的唯一完全以植物为食的海洋哺乳动物，它们饮用淡水，啃食海草，而海草需要清澈的海水和阳光来进行光合作用。

阳光和温暖的海水同样也吸引人类来到佛罗里达州居住，这给人与动物共享的资源带来了巨大压力。在污水排放、气候变化和湖水引流等因素的作用下，奥基乔比湖汇入佛罗里达大沼泽和海洋的水量减少了将近一半，从而改变了美国东南沿海的海水盐度。佛罗里达州的农场每年要使用近 200 万吨肥料，其中大部分泄入海水中，从而引发藻类的爆发式繁殖。这些藻类遮住了海草需要的光线，致使海草死亡，藻类中的毒素也会令海牛中毒。

到 1997 年，由于栖息地丧失，加之被渔网缠住以及撞上螺旋桨导致的损失，海牛的种群数量一度降至 2000 头以下。从那时至今，动物保护让它们的数量又有所回升。人们为船只闸门装配了传感器，以便在海牛出现时控制闸门，同时调整了船只的航行速度，这些举措让佛罗里达州一带的海牛数量逐渐增加到 7000 头左右。然而，在安的列斯群岛以及中美洲和南美洲西岸沿海，这些举措并没有使海牛种群数量有所改观。

佛罗里达州所付出的努力令人赞赏，但这并不能解决更大范围内的问题：杀死海草的农用化学品。有毒的藻类引发赤潮，紧随而至的后果是 2021 年海牛的死亡数量激增，饥肠辘辘的海牛不得不深入人造水道寻找食物。

海牛会表现出顽皮、喜爱、好奇等情绪，它们过着缓慢而温和的生活。这种动物没有天敌，但从长远来看，它们的生存取决于大批涌向阳光之州的农场主以及热爱高尔夫球、水上摩托和快艇的人类——人类与海牛共享海水，也有责任保护海水。

长尾蜉蝣

Palingenia longicauda

6月中旬的一天，在暮色降临之前，影子拉得很长，光线拂过每一片草尖。笔直的芦苇和荨麻沿着河岸生长，柳条则垂在水面之上。此处空气凝滞，河水缓缓流淌。温暖、安静而清澈的水体让这里成了理想之地。

为了这一刻，蜉蝣的若虫已经等待了3年。在布满根系和枯叶的黏土质河床上，它们将自己埋在U形的隧道之中，白天小心躲避鱼类和蛙类，晚上出来觅食硅藻。今天，它们将露出水面——先是雄性，半小时之后是雌性。它们先排空内脏，让腹腔内充满空气，以便浮到水面。有些若虫试图游回河床上的安全地带，却又被拉回水面。最有可能幸存下来的是那些毫不犹豫的若虫，它们向上游去，游向光明。它们钻出水面，终于抵达了目的地：一个全新的世界，温暖而明媚。它们张开翅膀，在全新的元素——空气中舒展身体，来回扑腾，此时的它们极易成为鱼、蜻蜓和水生甲虫的猎物。

有些长尾浮蝣在岸边寻找藏身之所。生殖器官、腿和尾巴仍在生长，但它们再也无法进食或饮水。它们开始羽化。刚蜕皮的身体皱巴巴的，闪着光泽，呈浅黄色，像新叶一样娇嫩。它们扭动身体，从薄纱似的皮肤中挣扎出来：头部、触角、躯干，最后是分叉的尾须。长尾蜉蝣体长可达12厘米，是欧洲体长最长的蜉蝣。皱巴巴的翅膀逐渐打开，与其他昆虫不同的是，它们的翅膀无法向后折叠，只能像风帆一样竖直抬起，看起来形似悬铃木的种子。它们只有几小时的时间寻找配偶。

数百万只长尾蜉蝣聚在一起，在暮光中飞翔，空中到处都是它们的身影。当它们转弯、俯冲、转圈和旋转时，长长的尾须拂过河面，那些微小翅膀发出的振翅声在50米之外都清晰可闻。有些蜉蝣飞得不高，像滑冰运动员一样轻捷地向斜上方滑翔。它们开始求偶，那是一场在空中盘旋的舞蹈。留给它们的时间不多了。鱼儿大张着嘴跃出水面，溅起水花；各种鸟儿——燕子、鹡鸰和燕隼——拍打着翅膀啄食蜉蝣。等到天光渐渐黯淡，蝙蝠也加入了捕食的队伍。

一旦完成交配，雄蜉蝣便落到水面上，舒展翅膀和尾须，任由自己被水冲走或被鱼吃掉。雌蜉蝣则带着约9000枚卵飞向位于上游10公里处的安全地带，小心翼翼地将卵产在水面上。任务完成，它的整个成年生活便宣告终结，它也随之死去，被水流带走。夜幕降临，比日间更凉爽的空气渗入森林，河流再次归于平静。蜉蝣的卵沉到河床上。如果这些卵足够幸运，没有被蜗牛或石蛾的若虫吃掉，那么等到45天后，它们就会孵化，若虫钻进泥里。接下来又是1095天的等待。

过去，欧洲各地的许多河流都能见到这种现象。20世纪初之前，长尾蜉蝣的数量实在太多，甚至被当作肥料。随着一座座水坝建起、河水被抽走、农业活动日渐密集，长尾蜉蝣慢慢消失在人们的视野中。在长尾蜉蝣曾经的活动范围内，如今只有极小一部分地区还能发现它们的踪影，主要集中在中欧的蒂萨河沿岸。

蜉蝣对生存环境非常敏感，它们无法在受污染的水体中生存。农用化学品正在让它们的数量减少。蜉蝣的消失意味着我们饮用、洗浴和游泳的水或许没有它看上去的那么洁净。

野生鲑鱼

在一片混杂着鱼鳞、排泄物、肉屑、化学药剂和抗生素的浑浊液体中，鲑鱼一圈圈地游动着。有些鲑鱼的眼睛瞎了；有些鲑鱼的身体扭曲，僵硬地保持着滑稽的运动姿态。一条鲑鱼缓缓从镜头前游过，它的头部发炎红肿，鳞片脱落，皮肤被一块块真菌侵蚀。大多数鲑鱼正在被鱼虱活活啃食——鱼虱无法轻易穿透鱼鳞，只能啃咬鲑鱼的头颈部，直到鲑鱼死去。死鱼沉到箱笼底部，每隔一段时间，便有工人用一根巨型管道将死鱼吸出来。

这是苏格兰西部沿海的一座养鱼场。养殖鲑鱼终其一生都被困在只有几米宽的笼子里。有迹象表明鱼类能感觉到疼痛，而且对声音高度敏感——它们通过侧线和内耳接收声音。

野生鲑鱼的生命轮回却是一首远航的史诗，它们英勇地跋涉数千公里，一路直面掠食者，最终回到它们出生的河流上游。在底部是泥炭的清澈溪水里，鲑鱼卵在水流温柔的冲刷下轻轻晃动。呈不透明橙色的鱼卵具有黏性，可以紧紧黏结在一起，附着在岩石上。从石头间奔流而过的溪水形成湍流，将空气卷入水中，从而为豌豆大小的鱼卵带来氧气。

卵在早春或夏季破壳，具体孵化时间取决于水温，最长达 12 周。刚孵化的幼鱼靠卵黄提供营养，藏身在母亲为它们挖出的卵洼里。有观点认为，出生地溪流的嗅觉和味觉信息会铭印在幼鱼的记忆里。当幼鱼长到约 5 厘米，便更进一步，游进水流之中。起初，它们靠重力导航；等渐渐长大，就开始靠对光线和水流的感知辨别方向。它们体侧长出一个个竖直的蓝灰色斑块，活像蘸了颜料的拇指按下的污渍。它们的尾巴朝前，以免水流入鱼鳃，就这样顺流而下，进入流速更快的水域。

在河海交汇处，鲑鱼开始适应大多数淡水鱼无法生存的咸水环境：体表分泌出一层保护性的黏液，领地意

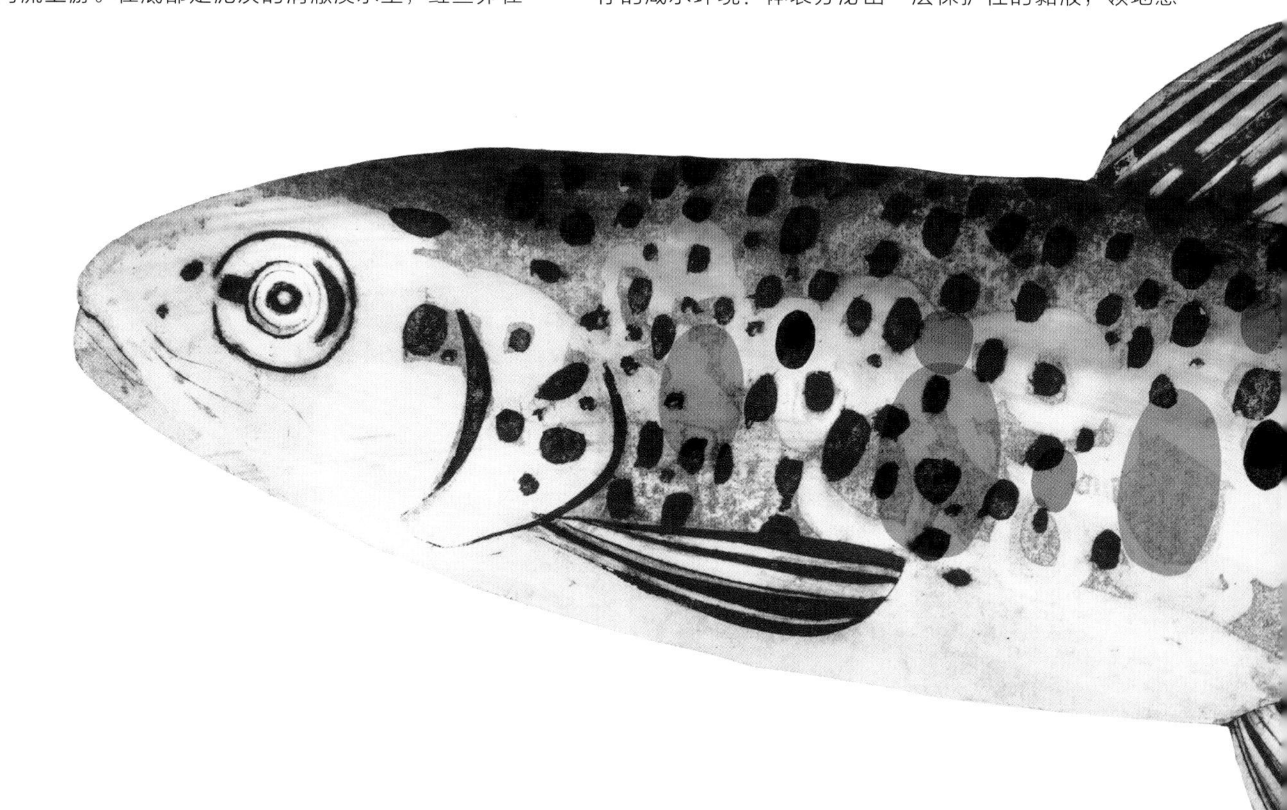

识减弱，逐渐学会成群活动。在淡水中，它们需要保存盐分；在大海里，它们则需要排出盐分。它们褪去斑驳的林地伪装色，换上远洋鱼类的涂装：上半身呈蓝黑色，侧面呈银色，腹底呈白色。一个卵洼中大约有2500枚卵，但其中只有不到4条鲑鱼能活到成年。

大西洋只有一种鲑鱼，即大西洋鲑，而太平洋中则生活着多种鲑鱼：樱鳟类分布在亚洲沿海；北美沿海则有帝王鲑、钩吻鲑、银鲑、红鲑和粉红鲑等。在北大西洋，格陵兰岛和冰岛附近的海域对鲑鱼很有吸引力，从深海涌上来的冷水将丰富的营养物质带到海面。北太平洋的鲑鱼在离开阿拉斯加、不列颠哥伦比亚省和俄勒冈州的河流之后，将在海中生活1－7年不等，其中有些鲑鱼甚至能游到俄罗斯附近。总有一天，繁衍后代的冲动将催促所有鲑鱼回到它们出生的那条河流。在抵达陆地时，它们靠出生地溪流的气味指引方向。

回到淡水区，它们的鳃和肾脏发生了与之前相反的改变。黏液保护层消失，鳞片重新长出，皮肤变硬。太平洋鲑的体表褪去银色，变成鲜艳的红色、紫色和绿色。牙齿变长，颌部变宽。它们顶着激流冲向上游，每天最多能逆流而上50公里。此时，它们不再进食。在瀑布下方，水流下沉，随后向上奔涌。利用这股上升的能量，鲑鱼一跃而起，可以跳3米高。在北美地区的河流边，饥肠辘辘的棕熊竞相争夺最佳的捕鱼点，用嘴和爪子捕捉跃起的鲑鱼。它们扔下大量只吃了一半的鲑鱼，这些将成为其他生物的美餐。被丢在陆地上的鲑鱼残骸将分解成养分，滋养森林，树木年轮的宽度便是鱼类资源丰富程度的体现。通过鲑鱼获得氮肥的北美云杉的生长速度是正常情况下的3倍。日本的一项研究表明，得到这种滋养的植物在腐烂后，其中的营养物质又会进入河流，随之流入海洋，成为浮游生物的食物，浮游生物是鱼类的

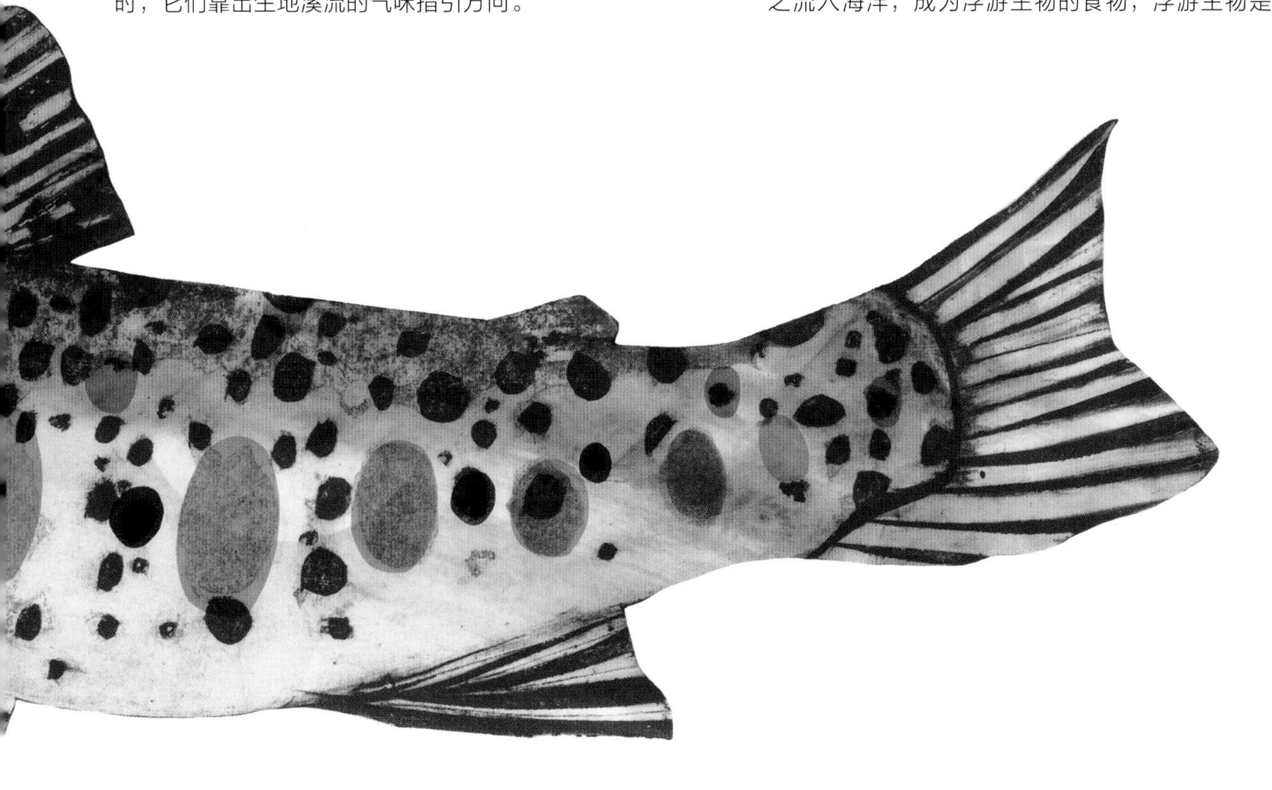

食物，而鱼类又为鲑鱼提供食物。

当雌鲑鱼找到清洁且松散的碎石滩时，会侧身游动，扇动尾巴，刨出卵洼，产下鱼卵。雄鲑鱼为卵授精后，雌鲑鱼便用沙砾盖住受精卵，以免其成为掠食者的食物。这就是其一生所追寻的意义，对大多数鲑鱼来说，这也是生命的终点。它们被自己出生地的气息和味道包围，渐渐失去力气。所有太平洋鲑都会在产卵之后死去，但部分大西洋鲑会再次回到大海，重复这一循环。

野生鲑鱼的数量有所下降。它们遭到过度捕捞，在部分河流中已彻底消失。鲑鱼必须在凉爽的水域产卵，随着温度不断上升，它们逐渐离开南方的河流。大坝阻断了它们前往产卵地的道路。另外，它们在不得不经过养鱼场时还有可能感染疾病和鱼虱。

多氯联苯和汞等毒素被鲑鱼的猎物吸收，随后在鲑鱼体内富集。苏格兰允许养鱼场使用 16 种化学物品杀死鱼虱，其中不乏有毒物质：与癌症相关的甲醛，对海鸟和甲壳动物有毒的甲氨基阿维菌素苯甲酸盐。

有人说，养鱼场是渔业的未来。然而，从海洋中捕捞磷虾，从巴西获取大豆，然后跨越半个地球的距离将它们运来喂鱼，如此利用资源，效率十分低下。

养鱼场还会给鲑鱼投喂蛋白质和油脂，这些营养物质提取自发展中国家出产的鱼类，而这些国家原本可以用这些渔获来养活本国的人口。每年全世界捕捞的渔获中近 1/5 用于制造鱼粉和鱼油，而其中大都成了养殖鱼类的饲料。另外，人们还会使用粉色染料——没有它，鲑鱼肉将呈现令人倒胃口的灰色。

我们正用一种有毒且不可持续的食物生产方式，取代这个星球上最波澜壮阔的生命循环所提供的无比丰富的资源。

据估计，野生太平洋鲑的种群数量已经减少了 99%，野生大西洋鲑的数量在过去数十年中也一直在下降。如今，我们吃的鲑鱼大部分都是养殖的。

在近期的一次采访中，爱达荷州阿佳狄卡部落（Agaidika，这个印第安部落因鲑鱼而得名，阿佳狄卡的意思是“吃鲑鱼的人”）的一位成员说：“在人类开口说话之前，鱼早就会说话了。它们与我们做了一笔交易，要我们保护它们，在必要的时候为它们说话，而现在就是必要的时候。”

在被问及失去鲑鱼意味着什么时，他的回答是：“那就是末日的开始。”

淡水珍珠贝

Margaritifera margaritifera

一辆老旧的希尔曼旅行车赫然出现在草地边缘。在它背后的远景中，平平无奇的荒原历尽时光的洗礼，在苍白的阳光下显得有些模糊。荒原向下延伸至一条波光粼粼的大河边，河水颜色黯淡，寂静得有些诡异。此时的画外音解说道，比尔是南埃斯克的最后一位采珠人，正在下车的这位老人是他 83 岁的父亲。父亲告诉比尔，在他那个年代，这条河段曾经有 20 位采珠人。

比尔从车里拖出一个尺寸和形状都与双人床差不多的大箱子，在这部 1961 年的新闻短片中，解说人介绍道，这就是传统的采珠船。它几近正方形，以帆布为底。比尔将船拖到河边，脱下外套，把粗呢鸭舌帽的帽檐推到脑后。他推船下水，正面趴在船上，面向前方，一只手握着尖头分叉的棍子，另一只手在控制方向的同时还抓着一个玻璃底的水桶。他在湍急的河流中随波漂荡。我们看到他从河水中走上岸，手里拿着一只贝壳——和他的手一样大、滴着水珠的黑色珍珠贝。从贝壳的大小来看，这只贝在比尔的父亲出生时恐怕就已经生活在河里了。比尔打开他的折叠刀，撬开贝壳，从贝肉里挤出一颗珍珠。

珍珠贝在上一个冰川期的末期来到英国，据说它们正是罗马人入侵不列颠的原因之一。12 世纪，苏格兰的珍珠销往欧洲各地；而到 18 世纪，淡水珍珠贝已在不断减少。1998 年，法律明令禁止捕捞淡水珍珠贝。苏格兰是它们在不列颠的最后一处大本营，这里拥有全欧洲最大规模的淡水珍珠贝可生存种群。在英格兰只剩下一个数量超过 500 只的珍珠贝种群，而该种群成员减少的速度快于增长的速度。在苏格兰的许多河流中，淡水珍珠贝已经不再繁殖。而在北美洲，有 30 种淡水贝已在 20 世纪宣告灭绝。

全世界共有 890 种淡水贝；淡水珍珠贝是体形最大的淡水贝之一，寿命可达 130 年，在其分布范围的最北端甚至可达 200 年。这种贝类喜欢冰冷、清澈、河底多石、水流湍急的河流。而这样的河流往往呈弱酸性或中性，没有泥炭颗粒、淤泥或植物。

珍珠贝是滤食性动物，属于双壳纲。两片对称的贝壳包裹着口部、外套膜、消化系统、心脏和肌肉。开合自如的贝壳恰好可以让贝足伸出壳外，将贝身固定在河床上，或者支撑它在河床上缓缓爬行，身体的 2/3 都埋在沙里。贝壳上突起的环纹十分精致，每一圈环纹都代表它生命中的一年。

淡水珍珠贝的生命周期取决于鲑科鱼类。每年六七月份，雄性珍珠贝将精子释放到水中，雌性珍珠贝将精

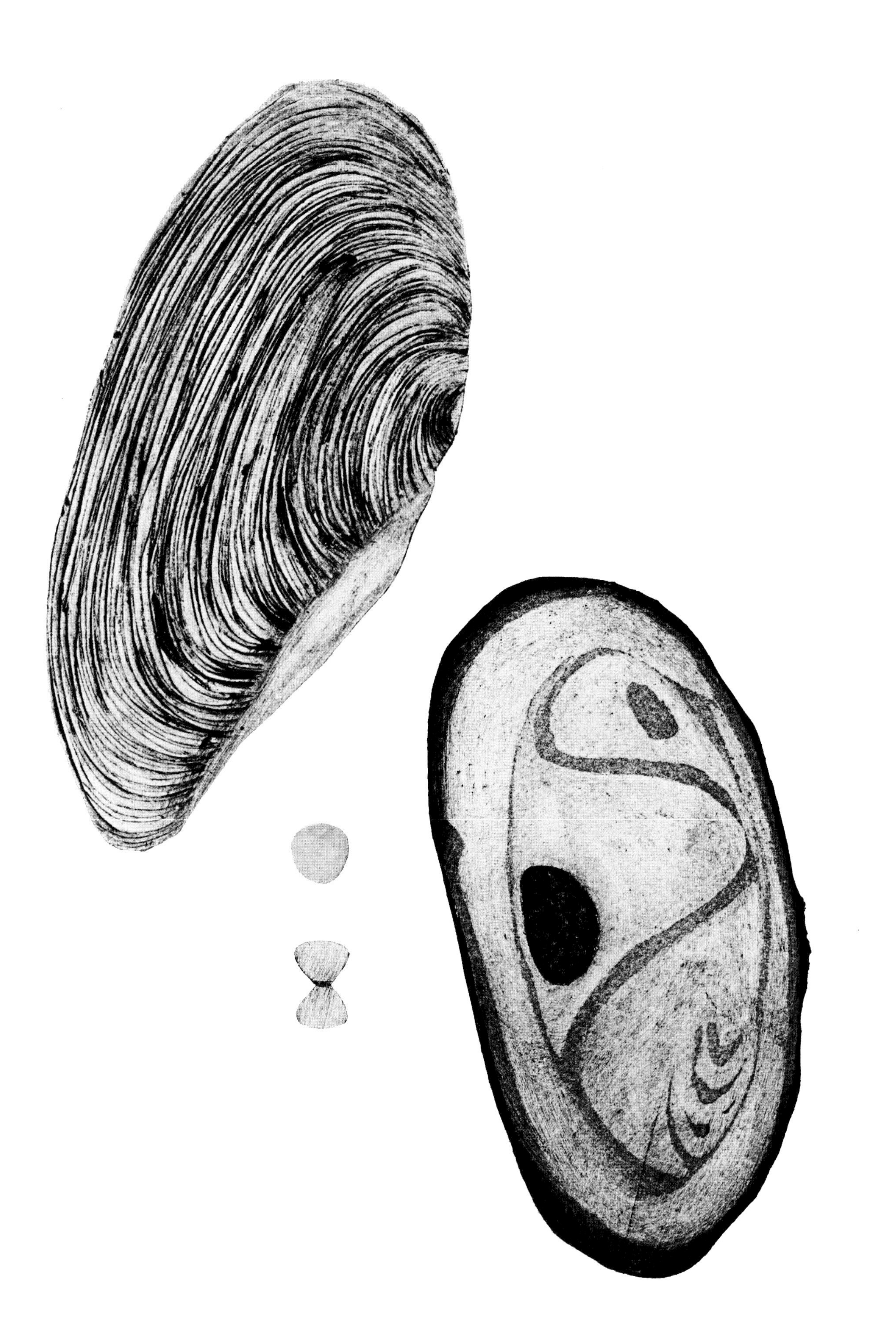

子吸入体内。卵受精后就在雌珍珠贝的鳃部孵化。到了恰当的时机，雌性会将这些钩介幼虫排出体外，让它们附着在游经此地的褐鳟或鲑鱼身上。雌性珍珠贝如何知道附近出现了合适的鱼类，这一点我们至今不得而知。钩介幼虫的颌部会在碰到鱼鳃的瞬间猛然咬合。未能在 48 小时内找到宿主的钩介幼虫将会死去。被寄生的鱼会长出囊肿，该囊肿对鱼无害，却为钩介幼虫提供了庇护。令人称奇的是，尽管鲑科鱼类排斥其他寄生虫，却能接受这种对它们没有任何明显益处的钩介幼虫。钩介幼虫可以充分利用来自鱼鳃的氧气，搭乘鲑科鱼类的顺风车逆流而上，前往全新的领地。数周之后，还只有沙粒大小的它们便从鱼身上脱落，将自己埋在沙砾之中。在这里，它们将继续生活 5－10 年，在 12 岁时达到性成熟，再次开启生命的循环。如果没有鲑科鱼类，这种贝类就无法生存；鲑鱼需要清澈的河水，而珍珠贝则可以通过过滤作用净化水体。

工农用化学品让贝类中毒而死。建筑工程和牲畜则破坏河岸，搅起淤泥，将贝类翻出水面，使其窒息而亡。

肥料、泥浆和污水会促进藻类繁殖，让阳光无法照射到水生植物上，导致水生植物死亡。这些植物在腐烂时会消耗贝类和鱼类所需要的氧气。森林作业采取将泥炭排入溪流的方法来提高水体酸度。这种做法则会腐蚀鱼类和贝类的鳞片和外壳。不断升高的温度使贝类处于压力之下，让它们的新陈代谢速度加快，从而缩短它们的寿命。另外，淡水珍珠贝也是偷猎的受害者。

淡水珍珠贝对周边环境的影响与它们小小的体形完全不成正比。每只珍珠贝每天可以用鳃过滤 50 升水，相当于我们一次淋浴所需的水量，它们通过过滤作用收集赖以为食的细菌和藻类，在此过程中让河水变得清澈。但是如今，我们倾倒进水道的大量污染物远远超过了它们的承受能力。

不断减少的珍珠贝种群告诉我们，我们的河流并不洁净，尤其是在英格兰——在这里，曾经的珍珠贝栖息地几乎全军覆灭，再也没有它们的身影。要想让淡水珍珠贝繁衍兴盛，就必须精心养护这些地区的河流集水区。

我们必须提高重视度：在北美，阿拉巴马猪趾蚌在莫比尔河的灭绝为当地居民敲响警钟：河流两岸的工业设施也是让当地居民罹患癌症、过早死亡的罪魁祸首。即使我们所求不多——只希望我们的子孙还能在清澈的河中游泳，淡水珍珠贝也是值得我们珍惜的朋友。它没有大脑，但拥有一颗心脏，只要这颗心还在跳动，它就会继续为无数以清澈水体为生的生物做该做的、正确的事。

大杓鹬

Numenius madagascariensis

鸟群沿着远处的海岸线降落。黄色的码头起重机在旁边扫过，好似鸟儿的巨型金属模型。银白和湛蓝的海水在它们下方涌动，粼粼波光令人目眩。从地面上看，这些小鸟浅黄褐色身体两侧的翅膀形成了一对对倒 V 形，就像代表方向和速度的箭头。鸟群在空中盘旋：数百只鸟儿以同一个角度向同一个方向飞翔。它们收紧双腿，倾斜翅膀，振翅拍打空气，与气流搏斗。

双脚一落到泥土上，这些鹬便收拢双翅，立刻开始觅食。它们的长腿像剪刀一样彼此交错：一只脚向前，头向后收；另一脚向前，头向后收。长长的喙向下弯曲，在最前方探寻。尖嘴插进泥里，啄啊啄，啄啊啄。鹬继续向前走，鸟喙微微分开，好似一双筷子。这一次，它用力向深处啄下去，满脸都沾上了泥浆。它甩了甩自己的收获：这一次捉到了一只小螃蟹。它将猎物在水里冲洗干净，吞进肚里，随后便赶紧继续觅食。空气中充满了海鸟的叫声，还有鹬鸟哀怨婉转的啼鸣。

这里是位于中国和朝鲜半岛之间的黄海。黄海沿岸的潮间带滩涂是大杓鹬休养生息的场所，来自内陆的河流带来富含矿物质的沉积物，让软体动物、螃蟹和蠕虫在滩涂上大量繁殖。船舶嘹亮的汽笛声，金属碰撞的铿锵巨响，发动机的噪声，还有人类的叫喊，这些声音都在水面上回荡。鹬鸟受惊时会飞到空中，但这样做无疑是在消耗它们为长达 12000 公里的迁徙之旅（从澳大利亚沿海的越冬地前往西伯利亚的繁殖地）所储备的能量。它们不会滑翔，每前进一寸都要奋力扇动翅膀，燃烧脂肪和肌肉，甚至要缩小消化器官和生殖器官的体积。

在西伯利亚，午夜的太阳和数百万只昆虫正在等待它们。抵达目的地时，它们翅膀上的羽毛已在长途飞行中磨损。它们开始换毛，褪下在南方时浅黄褐色的羽衣，换上铁锈色和赭褐色的夏羽。现在是 5 月初，它们有 6 周时间来交配和孵卵，随后将再次飞向南方。此时它们的内脏恢复到了原先的大小。

尽管雄性大杓鹬已经筋疲力尽，但它必须向雌鸟展现自己强健的体格：它竖直向上飞到 15 米的高空，一边飞一边对雌鸟唱歌。一对大杓鹬在北极冻原沼泽密布的苔藓和欧石南丛中堆起一个小土丘，这就是它们的巢穴。在冻原上，它们的羽毛颜色是完美的伪装。它们会产下 2－4 枚橄榄绿色、布满深色斑点的卵，由亲鸟共同孵化。当成年大杓鹬恢复流失的体重之后，会向南方飞去，将幼鸟留在这里。幼鸟在长到一定的体重之后，也会踏上同样的旅程。

大杓鹬能够预知天气变化，据此选择动身的时机。

它们利用地球磁场和星空导航，但光污染让它们越来越难看见星星。年复一年，大杓鹬幼鸟在没有父母带领的情况下独自跋涉，首先来到黄海，在这里歇脚，随后再前往它们位于昆士兰州南部的越冬地。

在大杓鹬 20 年的生命中，每年要飞越 3 万公里，一生中飞行的距离足以让其抵达月球。它们每年两次的迁徙是世界上最主要的候鸟迁徙路线之一的组成部分，这条路线是大约 5000 万只飞鸟的迁徙之路。

这些迁徙是一场场非凡的旅程。我们知道斑尾塍鹬能连续 8 天不间断地飞行，完成从阿拉斯加到新西兰长达 1 万公里的旅程。对于在这条路线上跋涉的涉禽而言，黄海的潮间带滩涂是稍做休息、恢复体力的理想场所。然而，这些滩涂同热带雨林一样，正遭受迅速破坏，鸟类也随之遭殃。

黄海沿海地区居住着超 3 亿人口。高墙将滩涂与大海分割开来，人们用碎石将滩涂填平，在上面建造机场、道路、住房和酒店。在一个不甚明智的项目中，韩国建造了世界上最长的海堤，侵占了 4 万多公顷滩涂，在新万金一带摧毁了 400 平方公里的河流入海口。30 万只滨鸟再也无法在这里休息，且其中大多数已死去。

在汇入黄海的河流沿途修筑堤坝会拦截沉积物，而沉积物是鸟类赖以为食的许多生物的栖身之所。另外，海平面上升也淹没了大面积的滩涂，让鸟类无法降落。它们在春季和秋季赶到这里，却发现滩涂已不复存在，此时的它们可能已经没有体力再去寻找其他觅食地。许多候鸟就这样因饥饿而死。

根据粗略估算，从 1950 年至今，黄海约 70% 的潮间带滩涂遭到了破坏。与滩涂一起减少的是湿地鸟类的种群数量。红腹滨鹬减少了 58%，杓鹬和矶鹬减少了 78%，大杓鹬和斑尾塍鹬减少了 80%。可爱的勺嘴鹬现在只剩下不到 200 对。

但也有希望的曙光。2019 年，中国黄海沿岸有 2 处地点入选联合国教科文组织的世界遗产名录。新西兰和中国政府现已同意在红腹滨鹬和斑尾塍鹬保护方面开展合作，朝鲜也决定对其境内的两处湿地予以保护。跨越国界迁徙的鸟类体现了人为划定的边界与大自然的矛盾，也体现了地球本身的统一性以及全球联手解决问题的必要性。

虎 鲸

Orcinus orca

黎明时分，深暗的树影一直延伸到海岸边，海岸是一条窄窄的灰色岩石地带，越过岩石就是绿色的大海。一个修长的身影有力地在海中穿行，跟在一条鲑鱼后面。当那个身影下潜到深处时，硕大的翼状黑色尾鳍露出水面，随后又滑入水中，几乎没有溅起一丝水花，就像鸟儿穿过空气一样流畅。而当虎鲸跃出水面时，它就是一个蓄满能量的圆柱体，喷射出一团团水花。

从下向上看，虎鲸腹部的白色部分形似一只尾巴粗短、大脑袋呈箭头形的巨大蝾螈。它身体侧面的线条由好几段粗放的曲线构成，与它在水中高速游动、在空气中划出的拱形轨迹相呼应。一块椭圆形白斑从它的眼部向后延伸，好似一团喷薄而出的白色火焰。

虎鲸是海豚科中体形最大的物种。它们已在地球上生存了数百万年，是大脑最大的哺乳动物之一。它们将复杂的歌唱作为语言，还会将知识代代传承下去。虎鲸适应性强，爱嬉戏玩耍，以群体为单位捕猎，速度能达到每小时 30 英里。虎鲸的平均寿命与人类相当。

在虎鲸的社会中，祖母扮演着至关重要的角色。每个家族都有自己独特的叫声，但它们也能听懂其他族群的“方言”。为了繁殖后代，雌虎鲸会去拜访其他族群，之后再带着幼鲸回到自己的母亲身边。留在母亲身边的子女会分享照顾幼鲸的负担。雌虎鲸每 5 年生育一只幼鲸，直到 40 岁时进入更年期。除了人类之外，只有虎鲸、白鲸、短肢领航鲸和一角鲸会经历更年期。祖母与其子女和孙辈分享自己捕到的大部分猎物，还会将捕鱼地和迁徙路线等知识传给后辈。袭击猎物时，负责指挥的也是它。

有些虎鲸族群即将绝种。1989 年，埃克森·瓦尔迪兹号油轮触礁搁浅，4080 万升石油泄漏，触礁地点恰好位于 AT1 虎鲸族群的活动范围内。这个家族以独特的歌声而出名：它们的歌声不是与其他族群略有差异的方言，而是一种完全不同的语言。石油泄漏后，该族群的 22 头虎鲸中有 9 头死亡，而且从那之后，该族群再也没有幼鲸降生。

唯一一个在不列颠海域定居的虎鲸族群是西海岸社群，该家族由 8 头虎鲸组成，自人类在 20 世纪 90 年代对它们展开监测以来，它们没有产下一头幼鲸。2016 年，其中一头雌虎鲸在被渔网捕获后死亡。尸检表明，它脂肪中的多氯联苯（PCB）含量比过去任何时候的记录都要高。这些人造化学物质会损害生育能力。

2013 年，也就是在美国首次生产多氯联苯的 84 年之后，国际癌症研究机构（IARC）报告称，多氯联苯以及同样有毒的多溴联苯（PBB）是人类患癌症的诱因。在报告发布时，这些有毒物质已经在母乳中、在这个星球上的每一个人体内积累。

工农业和日用品中的化学物质并未经过严格的长期测试，无法确定它们对我们的影响。其中许多化学物质是有毒的，然而我们还是将其喷洒在农作物上，用它们来包装我们的食物、清洁我们的房屋，将它们添加到清漆和涂料中，用它们制作不粘锅的涂层，甚至将它们用在化妆品里。

多氯联苯的故事是贯彻预防性原则的有力论据。这些化学物质或许已被禁用，但它们的降解速度极其缓慢。而且，同样难以降解的含氟表面活性剂（PFA）仍在生

产。这些物质同样也在每一个人的身体里积累，就连胎儿体内也有。多氯联苯累积在鲑鱼体内，也在以鲑鱼为食的虎鲸体内进一步富集。

由于过度捕捞、污染和水坝，虎鲸赖以为食的鱼类数量正在减少。南大西洋的虎鲸不得不潜入更深的水域，去搜寻遭到过度捕捞的智利海鲈鱼，它们需要很长时间才能从这样的深潜中恢复体力。另外，声音也对虎鲸产生了严重的负面影响。它们靠回声定位来寻找猎物，而船只的回声测深器对它们造成了极大的干扰。

1965 年，海洋世界主题公园委托职业猎手为他们捕到了一只虎鲸。他们给它起名叫莎木（Shamu）。莎木被捉住时只有 3 岁，它在人工饲养的环境下只活了 6 年。此后，海洋世界仍在继续购买虎鲸，将它们囚禁起来饲养。虎鲸是拥有智慧的生物，它们为遨游大海而生，能潜入 150 米的深海，一天能游 60 公里。现在，它们被困在海洋世界的水族箱里，永无止境地在高度氯化、充斥着化学物质的浑水里绕圈。这里没有藏身之所，虎鲸被太阳灼伤。它们试图用嘴啃出一条生路，却将牙齿磨坏。它们不断用头撞击玻璃幕墙。

虽然虎鲸具有社会性，但是，1970 年被捕的洛丽塔（Lolita）至今仍在表演，它被单独饲养在水族箱里，水族箱的长度只有它体长的两倍多一点。在被囚禁 50 年之后，它竟然还在吟唱它所属的族群的歌谣。数个世纪以来，虎鲸一直被冠以杀人鲸的名号。虽然虎鲸不得不与越来越多的人类共享沿海水域，但是并没有任何关于它们在野外杀人的记录。

从 1956 年人们在冰岛附近用机关枪射杀虎鲸，到为了娱乐而将虎鲸囚禁圈养，我们与这种海豚的关系表明，人类习惯于将短期经济利益置于其他一切因素之上，哪怕我们这样做是在荼毒自己，比如多氯联苯事件。

如今许多国家还在圈养虎鲸；海洋世界里依然有虎鲸在表演。

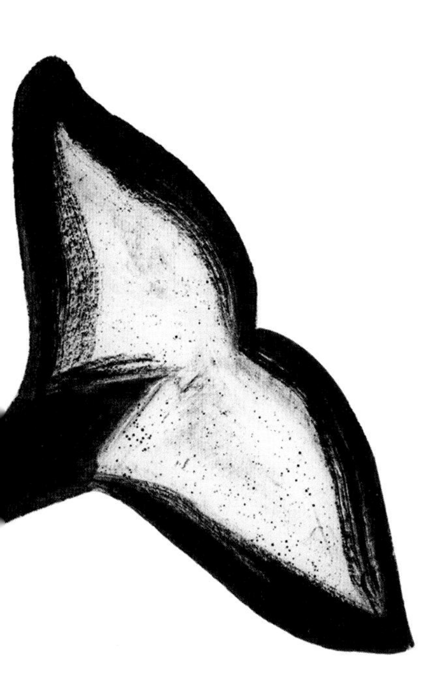

鲟 鱼

屏幕上，时间以年为单位飞速掠过，这片“海”缩小又扩大，扩大之后又再缩小；它的颜色渐渐变浅，留下一圈盐分凝成的白边。其中一年，除了西岸仅存的一条狭窄水域之外，整片海完全消失不见。在其他一些卫星影像中，尘埃形成的灰色云团飘过毫无生机的水域，飘向北方被炙烤的大地。

眼前的景象仿佛萨尔瓦多·达利（Salvador Dalí）想象中的画面：一艘生锈的船在沙漠中搁浅，朝向蓝天倾斜。骆驼躲在船只的阴影里。一个男人从旁边走过，低头看着他的鞋子。船只排成一排，躺在没有海的海滩之上。

这里是咸海，它曾经是全世界最大的内陆湖之一，如今却长出棕褐色的干草，在没有水的地面上蔓延。20世纪60年代，为了提高棉花产量，苏联政府在阿姆河和锡尔河修筑堤坝，而正是这两条河为咸海带来了帕米尔高原的积雪融水。此后，汇入这片湖泊的水量减少了80%。污染物和农用化学品排放到湖中，在湖底结晶。热风卷起这些有毒的尘土，使之沉降在田地和田里的劳作者身上——人们患上疾病，田地的肥力下降。咸海南部的湖水盐度变得太高，以致连鱼都无法在这里生存。

人们在咸海发现了一个被认为已经灭绝的物种：锡尔河拟铲鲟（*Pseudoscaphirhynchus fedtschenkoi*）。安集延的自然历史博物馆中有一件锡尔河拟铲鲟标本，鱼身由双股铁丝线支撑，但缺失了那条令人赞叹的尾巴。

在世界范围内，现存的27种鲟鱼中有16种处于极度濒危状态。长江流域一度是鲟鱼的近亲——白鲟的家园。这种鲟鱼刀锋般的吻部能够探测到它们的食物——甲壳动物活动发出的电信号。过度捕捞、污染、螺旋桨和堤坝工程让白鲟的数量不断减少。最后一条白鲟的捕获纯属意外，人们给它做好标记后将其放归水中，但几小时后就消失了。2019年，这个物种被宣告灭绝。◆

有人认为，欧洲大西洋鲟已在里海和黑海绝迹。这

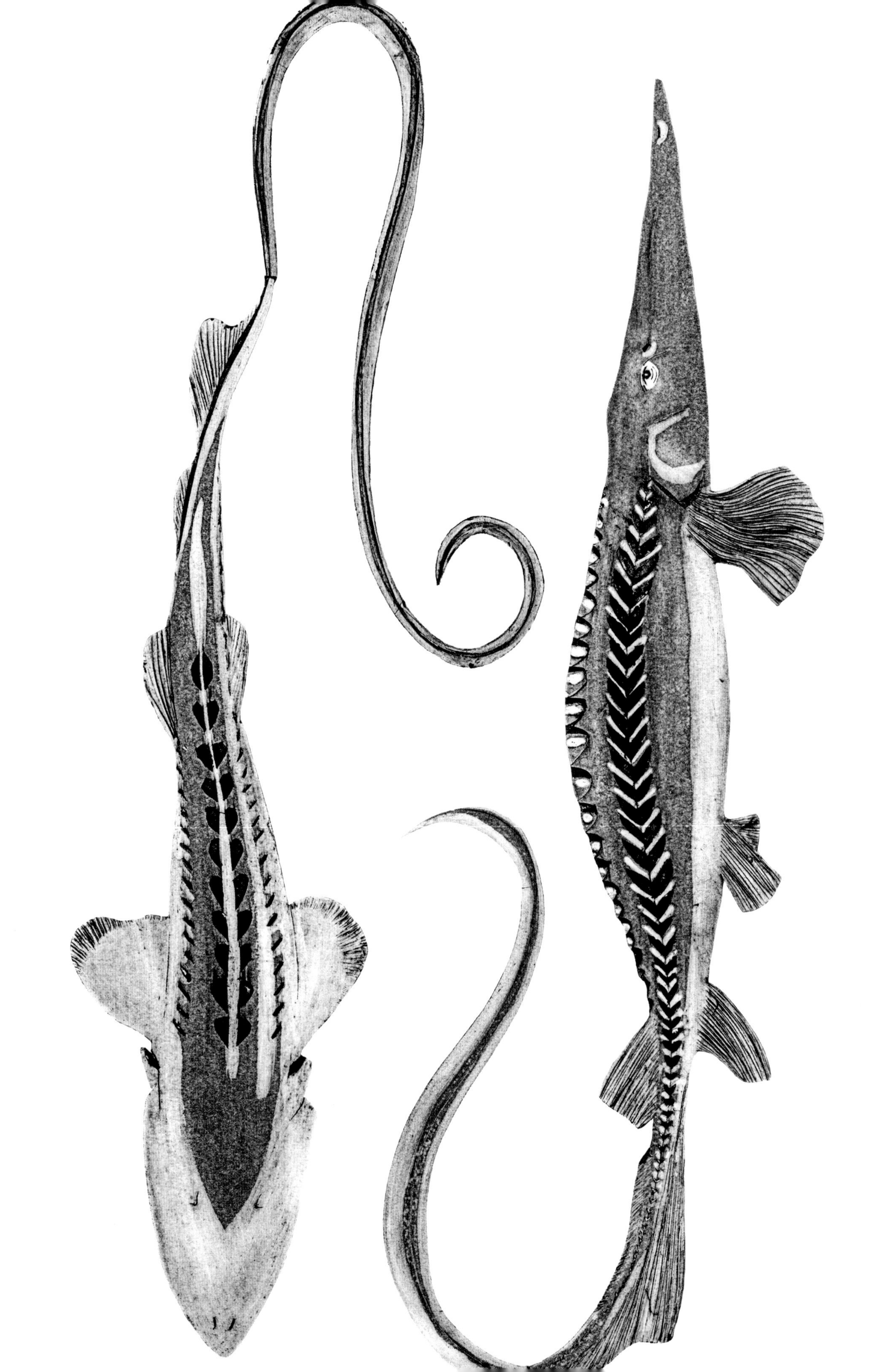

些水域也是雄伟的鲟科动物——欧洲鳇（*Huso huso*）的家园，欧洲鳇体长可达 7 米，寿命可达 100 年。幼年欧洲鳇的体侧生有骨板，脊背上也生有突出的盾板，外形好像一条在水下游动的龙。成年欧洲鳇在里海柔和的碧波中遨游，尾巴像海藻叶一样摆动，推动身体前进。欧洲鳇以鱼为食，但没有牙齿；它用悬在口鼻部的 4 条触须捕捉水里的气味，从而追踪猎物。

鲟鱼和鲑鱼类似，必须在凉爽湍急的水流中产卵。堤坝致使淤泥堆积，水温上升，河流水位下降。1964 年，罗马尼亚和南斯拉夫政府开始在多瑙河上建造铁门峡大坝，也在欧洲鳇与它们的产卵地之间筑起了一道屏障。

这不是欧洲鳇所面临的唯一威胁。它们的卵可以制作最令食客趋之若鹜的鱼子酱。欧洲鳇的卵按克计价，比白银还要昂贵十余倍。有时，这些巨型鱼类被人拖到岸上，割去卵囊后便被抛回河中等死。

淡水是近 1/3 脊椎动物的家园。据估计，自 1970 年以来，这些动物已经失去了近 1/3 的栖息地。摧毁咸海的大坝修筑于半个多世纪以前，但是如今，世界范围内还有约 3000 个大型堤坝项目正在规划或建设中。

现在，有两个大型运河建设项目正在筹备中。其中一条运河旨在连通黑海和马尔马拉海，尽管这两片海域的盐度不尽相同；另一条运河将连通波罗的海和黑海，这项工程的风险是可能重新翻出切尔诺贝利的放射性污泥。欧洲最后几条，也是最美丽的自由流动的河流都面临着大坝的威胁。

在长达 2000 万年的时间里，鲟鱼与恐龙共同生活在地球上，并且在那场导致恐龙灭绝的灾难中幸存了下来。但在短短的 100 年里，我们却“成功”让它们的持续生存陷入了危机。不过，对于锡尔河拟铲鲟来说，它们还没有失去所有的希望。虽然人们已经很多年没见过它们的身影，但在 2016 年，一位渔夫认为自己钓到了一条锡尔河拟铲鲟。2019 年，全球野生动物保护协会出资组织了一场寻找锡尔河拟铲鲟的考察，但没能找到。锡尔河拟铲鲟实在与众不同：长长的口鼻部让其头部从侧面看起来活像一只鼩鼱，脊骨延伸到尾巴之外，形成一根长长的鞭子。它曾经是，或许现在依然是一条看起来无与伦比的鱼。

◆ 长江白鲟在 2019 年已被我国宣告灭绝，但 IUCN 红色名录在 2022 年 7 月才进行灭绝更新。

南方蓝鳍金枪鱼

Thunnus maccoyii

两个男人走过一块红白双色告示牌，上面写着“严禁拍照”。这里没有窗户。进入室内，他们走过空空如也的水箱，穿过消毒站，走进一间大型飞机库。一个巨型塑料水箱占据了地面的大部分，体形庞大的鱼在里面游来游去。

这些就是南方蓝鳍金枪鱼。它们头顶的灯光十分耀眼。这种鱼体表的色彩及其鲜艳程度会根据光照而变化，设置灯光是为了模拟 5000 公里外落在东印度洋海面上的日月之光。有些鱼的体长超过 1.5 米，体重可达甚至超过 150 千克，它们环绕水池游动，一圈一圈又一圈。两个男人中的一个晃了晃手里的玻璃管。“这是金枪鱼卵，”他举起玻璃管，鱼卵慢慢沉到管底，“和金砂一样啊。”

在距离此地将近 8000 公里的地方，在 6 年之后，即 2019 年 1 月某一天的凌晨 4 点 30 分，全世界最大规模的金枪鱼拍卖会——丰洲金枪鱼拍卖会拉开了序幕。伴随一声铃响，一个男人像熊一样高声大喊，以 250 万英镑的价格拍下一条蓝鳍金枪鱼。国际蓝鳍金枪鱼贸易中有 90% 都经过日本，其中大部分是为了满足我们对寿司和生鱼片的口腹之欲。

然而，在 20 世纪 70 年代之前，金枪鱼还是一种不受人欢迎的肉类，在美国只能被碾碎做成猫粮。在日本，它被称为ねこまたぎ，意思是“连猫都不吃的鱼”。传统寿司多用近岸海域捕捞的鱼类制作，肉质相对清淡，颜色较白，据说是在美国占领期间，日本人才开始喜欢脂肪含量更高的肉类。70 年代，大型飞机满载电子产品飞向美国，返回时机舱空空如也。一支日本运输队发现钓鱼爱好者将大西洋蓝鳍金枪鱼随意丢弃，见此情景，他们决定用回程的飞机运载金枪鱼。

在过去 60 年间，世界范围内的金枪鱼捕捞量增加了 1000%。

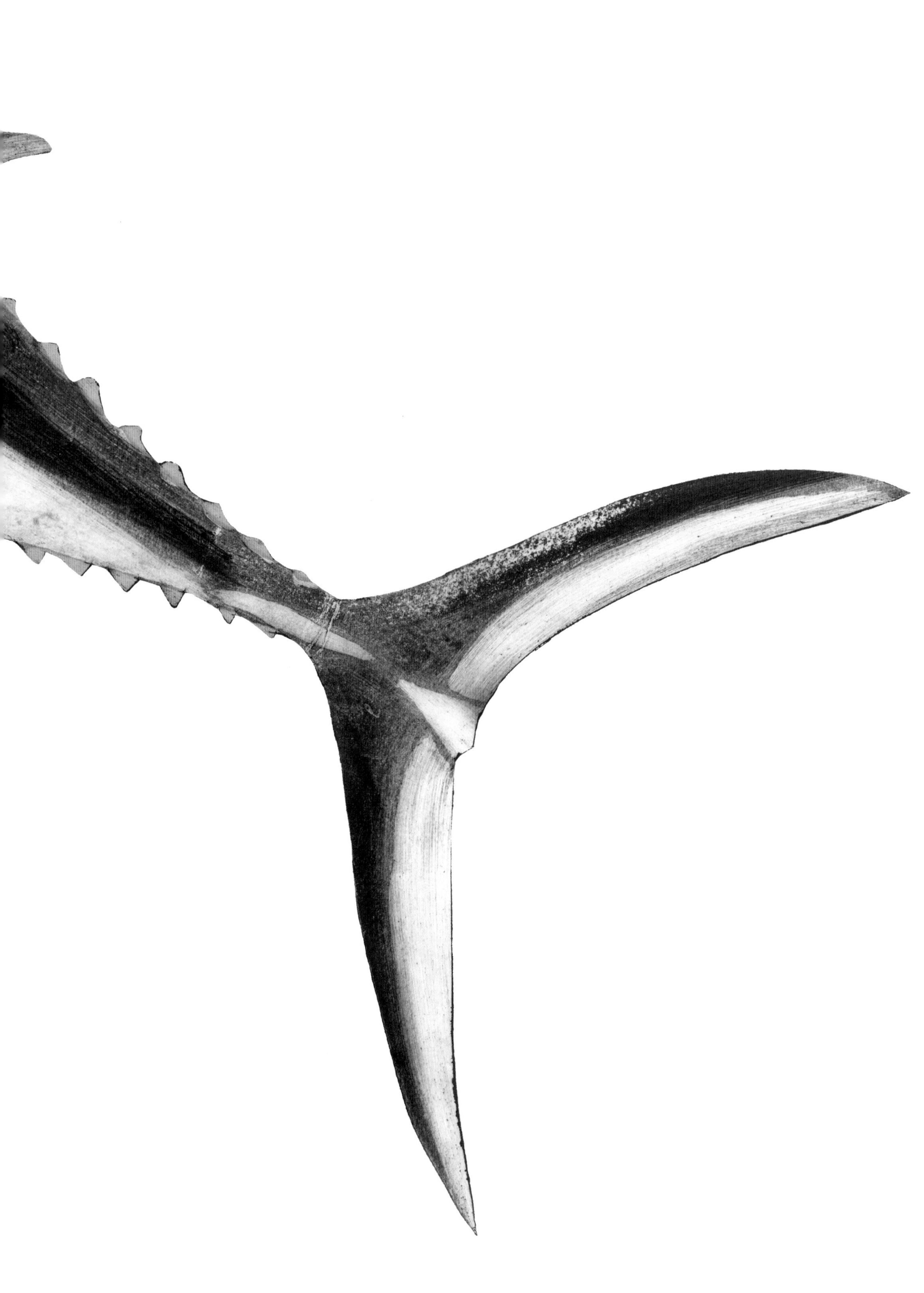

根据定义，金枪鱼共有 8 种。自 20 世纪 90 年代以来，其中好几种金枪鱼的种群数量都有所下降。

煤炭燃烧和金矿开采让汞进入海洋，在像金枪鱼这样的顶级掠食者体内富集。当海水温度升高时，鱼类变得更加活跃，进食的猎物更多，从而进一步加剧了汞在其体内的富集。汞可能破坏肾脏和神经系统，损害胎儿和儿童的大脑发育，尽管如此，我们对金枪鱼的消费仍在持续增长。在美国的商品货架上，只有糖和咖啡能比金枪鱼罐头占据更多的空间。

在东印度洋，每条雌性蓝鳍金枪鱼产下的卵多达 1500 万枚；能活下来的只有 1%。刚刚孵化的鱼苗属于浮游生物，是其他鱼类的食物。长到足够大时，它们又以浮游生物为食。它们顺着澳大利亚西海岸向南漂流，随后向东漂进大澳大利亚湾。一旦成年，它们就要学习以群为单位，开始集体生活。大约 5 年后，它们游向更遥远的海域，有些北上前往澳大利亚东海岸，另一些则向新西兰游去。大多数金枪鱼顺着西风漂流游动，穿过整个南冰洋抵达南非，甚至会跨越好望角，游入南大西洋，这是所有动物中距离最长的迁徙之一。有观点认为，它们靠大脑中的磁体指引方向。在 8 – 10 年后，它们将在出生地东印度洋汇合，繁衍后代。

南方蓝鳍金枪鱼身体呈流线型；上半部鳞片呈深色，下半部呈闪亮的银色。它的身体大致呈椭圆形，两端则呈叶片似的锥形。金枪鱼能潜入 600 余米的深海，在冰冷海水中搜寻食物。尾鳍像弯刀状的新月，前进速度可达每小时 44 英里；它在水面上掀起波涛，乘着浪涌向前滑行，小鳍冲破海水的阻力。在鲭鱼眼里，金枪鱼从四面八方冲来的景象一定让它们心惊胆战。每条鲭鱼都拼命游向鱼群中心，寻找藏身之所，海面好像沸腾一般。金枪鱼咬住猎物迅速游走，身后留下一串细小的气泡。

为了减少阻力，蓝鳍金枪鱼的眼睛向内凹陷，鳍上的鳍棘可以向后折叠。蓝鳍金枪鱼体内的肌红蛋白含量是其他哺乳动物的 10 倍。这种蛋白能与氧气结合，为高强度运动供氧。在冷水中，它们的肌肉性能比任何其他鱼类都优越。它们的鱼鳃能以更快的速度吸收更多氧气。金枪鱼不会将海水泵入鳃中——这会浪费能量；它们向前游动，让水从鳃部快速流过，如果停止游动就会死去。金枪鱼是温血动物，与它们所猎捕的鱼类相比，金枪鱼的反应更敏捷、视力更好、耐力更强、速度更快。

过度捕捞让所有金枪鱼都面临着巨大的生存压力。早在 2011 年，世界自然保护联盟就在报告中指出，超过 50% 的金枪鱼物种都有灭绝的危险；其中，南方蓝鳍金枪鱼的处境最为艰难。

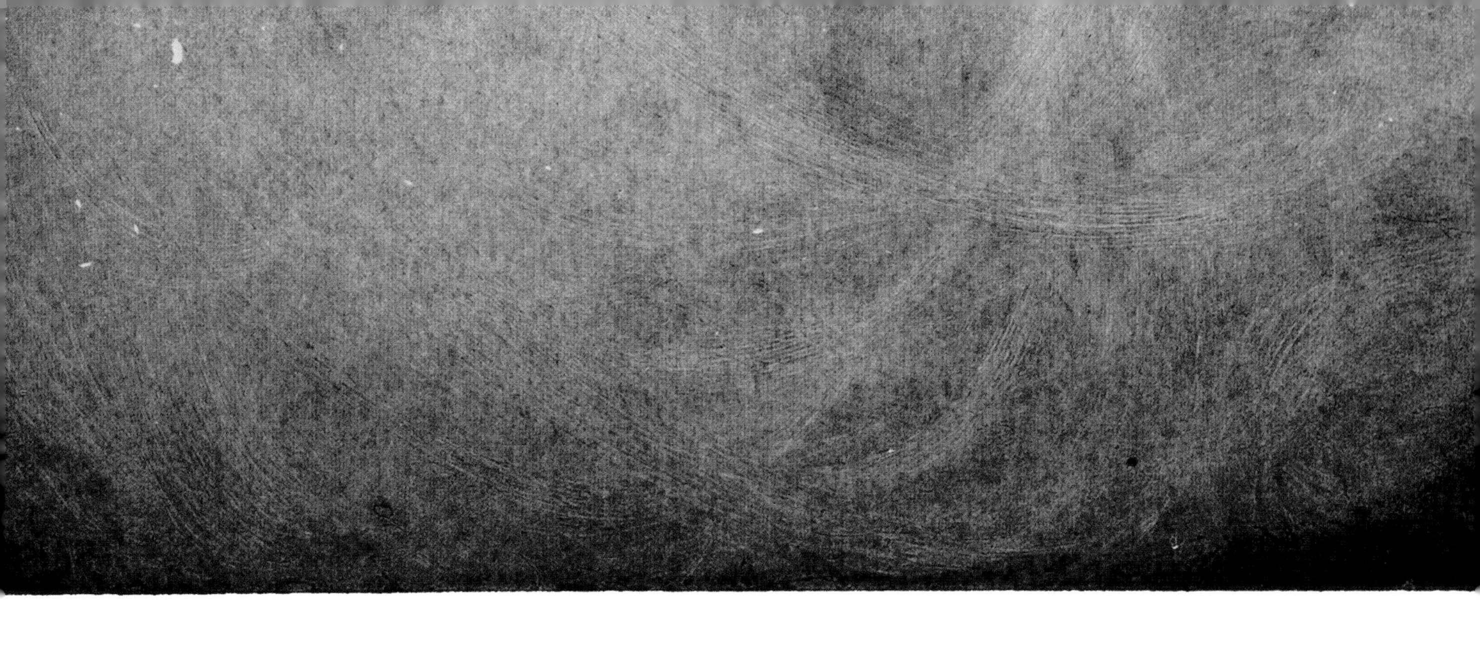

鳞角腹足蜗牛

Chrysomallon squamiferum

随着海水深度的增加，光线逐渐变弱。每下潜 10 米，静水压力就会增加 1 个标准大气压。到 200 米以下，生物已无法靠光线进行光合作用：这里就是“暮光海区”。到 1000 米以下，海里将完全没有光线，比没有星星的夜空还要黑暗，像紧锁的保险箱内部一样漆黑。准确地说，要是没有各种深海生物发出的生物光，这里就会像紧锁的保险箱内部一样。如果你下潜到那里就会发现，在比墨鱼汁颜色还深的黑暗海水中，闪烁着蓝色和绿色的小小光点，那是各种生物用来吸引、吓退或引诱对方的信号。

在这些鱼类当中，许多都呈黑色或者幽灵一般半透明的白色，比如狮子鱼，它的尾部在身后轻柔地摆动，仿佛新娘透明的头纱。有些虾和鱿鱼呈红色，由于海里没有红色光，所以其他动物看不见它们。但没有鳞片的黑柔骨鱼却能散发出一束红光，用来探照猎物，而猎物完全没有发觉自己已被“瞄准”。据估计，在这个深度的海水中，珊瑚的种类比热带珊瑚礁上更多，有的珊瑚一年只增长一根发丝的宽度，其寿命却长达数百甚至数千年。这里有白色螃蟹、紫色章鱼、玻璃章鱼、玻璃乌贼、由二氧化硅构成的玻璃海绵、欧氏尖吻鲨、狼鱼、大砗磲、体长 3 米的管虫、基瓦雪人蟹、盲虾、海蛇尾、竹节柳珊瑚，还有大量吸收二氧化碳的细菌。

富含氧气的海水在地球两极沉向海底，通过深层洋流参与循环。地球上的有些地方是含氧海水无法到达的，但是人们发现，在缺氧的地方依然有生物蓬勃生长——这一度被认为是不可能的。在这里，生命不得不依靠化学能而不是太阳能来维持生存。位于海床上的热液喷口喷出岩浆，将有毒的黑色水流和硫化氢加热，其温度高达 400℃。

这里就是鳞角腹足蜗牛的家。它们生存的最大深度

是 2900 米，在这里，水压是将报废汽车压成铁片所需压力的 1.5 倍以上。鳞角腹足蜗牛发育出了一整套无与伦比的特征，使其得以在这个足以摧毁它的近亲——峨螺——的环境中生存。

鳞角腹足蜗牛具有一个在动物界独一无二的特点：它的外骨骼富含铁质，像头盔一样保护着它深粉红色的身体。这种蜗牛的外壳上经常出现金丝状的硫铁化合物，好似黄铁矿一般，正因如此，它们的拉丁文学名中有一部分是“*Chrysomallon*”，意思是“金色的发丝”。这种蜗牛从壳里伸出没有眼睛的触手，好似日本武士头盔上装饰的角。它的腹足下部包裹着层叠的含铁鳞片，生活在海岭热液喷口附近的蜗牛的鳞片还有磁性。这些鳞片不仅能保护蜗牛，可能还有助于排出毒素。这种蜗牛的壳也非常独特，它分为三层，最外层具有纳米级的裂缝，让外壳柔韧灵活，在受撞击时可以伸展开来。

求偶期是动物一生中最耗费能量，通常也是最危险的时期之一，因为求偶需要能量消耗极大的自我展示。但鳞角腹足蜗牛可不会为爱痴狂。雌雄同体的身体为它们节省了许多能量，有观点认为它们或许会自体受精。它们也不会将能量消耗在捕猎或进食上；相反，它们为细菌提供住处，让细菌替它们进食。细菌利用富含能量的硫化氢来制造糖分，这些糖分就是蜗牛的食物。鳞角腹足蜗牛拥有庞大的鳃部和大得不成比例的心脏，是动物王国中相对尺寸最大的心脏之一，这两个器官共同作用，同时为鳞角腹足蜗牛和细菌提供氧气。

目前人类仅在印度洋的 3 个热液喷口附近发现了鳞角腹足蜗牛，这些热液喷口之间的距离足有 2500 公里。在如此浩瀚的空间里，这种动物的家园只是微不足道的一小片区域，其面积仅有 0.02 平方公里。有科学家认为，这些热液喷口是我们这个星球上最初的生命发源地。

矿产资源丰富的深海海床是矿业公司的目标，这对鳞角腹足蜗牛而言是一个不幸的消息。这些矿业公司为数字世界的电路板寻找金属，以满足我们对各种电子产品的渴望。

为了寻找钻石，成队的舰船正在搜刮海底。每天泵出的淤泥足以填满一辆长达 25 公里的货运列车，提取出宝石之后，有毒的淤泥又被泵回大海，让野生动物中毒，让它们窒息而死。只需一次开采，这些挖矿机就会让珊瑚礁和热液喷口毁于一旦，而它们是那么多生命的家园。由于地处深海，这里的环境可能需要数个世纪才能恢复——如果它们能够恢复的话。

有些公司计划在我们几乎一无所知的环境里直接采矿。深海是我们这个星球的内部空间，其生物群系比其他任何的都要大。我们根本不知道这会产生怎样的后果。

生活在深海的
物种

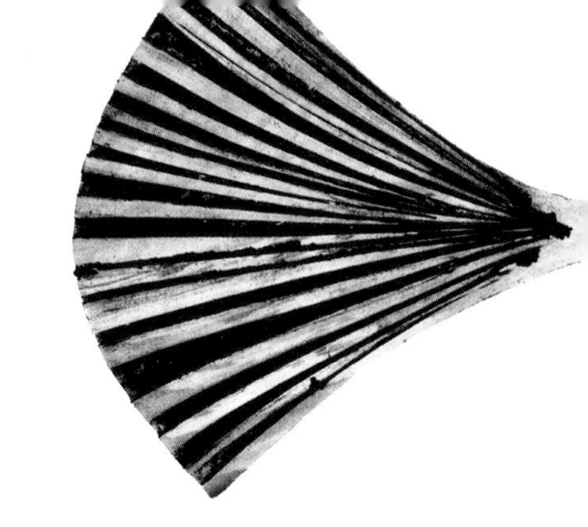

恒河鳄

Gavialis gangeticus

这是一个温暖的夜晚，湿度很高。空气中充满噪声：蛙鸣阵阵，蚊虫嗡嗡，偶尔还伴有鱼儿跃出水面的哗啦声，以及淙淙的流水声。在距离河岸不远的地方，两个闪亮的圆顶微微露出水面。有那么一瞬间，它们在月光的映照下反射出微弱的光线。

它们像是某种热带蛙类的眼睛，但尺寸太大，间距也太宽。若是在白天，你会发现它们的虹膜呈黄绿交织的颜色，瞳孔是一条竖直的黑线。内眼睑横着滑过眼球，粗粝的外眼睑上下闭合，包裹住内眼睑，与周围的皮肤融为一体，让眼睛隐身不见。这双眼睛再次睁开。这个生物的耳朵也位于头骨顶部。在水下保护耳朵的皮瓣，此刻是打开的。它在倾听自己的幼崽发出的声音。

在大约 5 个月前的 1 月初，这条恒河鳄顺流而下，游到它出生并度过幼年期的河湾。在这里，河道内侧的流速变慢，形成沉积层，也让深处的沙砾露出水面，形成沙滩。每年年初，这条鳄鱼都与姐妹亲族们聚集在这里，一起享受阳光，捕食鱼类，交配筑巢。它在河滩上挖出瓮形的坑洞，将卵产在里面，并用沙子将每一枚卵隔开，沙子的温度将决定幼崽的性别。

现在是 5 月底。河岸上传来奇怪的呼气声和吱吱声。那是它近 40 个幼崽发出的声音，告诉母亲它们正在破壳。它们用修长的吻部打碎卵壳，在夜色中挣脱出来，身体闪闪发亮。母亲从河里爬上岸，失去浮力的它拖着 680 千克的身躯爬过沙砾和泥泞。形状特别的吻部意味着它无法像其他鳄鱼那样将幼崽含在嘴里，但它可以带路。幼崽们扭动身体，匍匐前行，使出全身力气，尽快爬到河里。

与大多数爬行动物不同，恒河鳄是负责任的父母。鳄鱼母亲们轮番上阵，照看数百个幼崽。在浅水区，幼崽们紧跟在母亲身旁，捕食昆虫和蝌蚪。等它们渐渐长

大，便逐渐向更深的水域探索。至少会有一条大型雄鳄守护着它们，背上还驮着几十条小鳄鱼。

尽管恒河鳄对后代如此用心看护，但它们的种群数量与 20 世纪 40 年代相比还是大幅减少。据估计，当年在巴基斯坦至缅甸一带的河流中曾有多达 15000 条的恒河鳄，但到 20 世纪 70 年代就只剩 200 条。针对这一局面，印度政府采取了保护措施，并且鼓励人工繁殖恒河鳄。数千条恒河鳄被释放到野外，但幸存下来的寥寥无几。恒河鳄种群从未得到过规范监测，所谓的保护措施也从未严格落实。到 2017 年，野外或许还有 950 条恒河鳄。

恒河鳄的身体呈棕色和橄榄绿色，还有像拉贾斯坦邦大理石一样斑驳的杂绿色。作为恐龙的后裔，它们同鸟类的亲缘关系比蜥蜴更近。长而扁的吻部边缘长有 100 颗牙齿，在水中几乎没有阻力，这让它们能够迅速侧弯身体，敏捷地叼住鱼类。它们凭借卓越的视力和皮下神经（人们认为这些神经对水压和盐度的变化极其敏感）锁定鱼类的位置。它们一动不动地耐心等待，一旦鱼儿游进攻击范围，它们细长的利嘴便会以出其不意的速度发起猛攻。

恒河鳄生性害羞，不会伤害人类。但它们却因为自己的皮肤、脂肪、阴茎和卵而遭到人类的猎杀。被刺网缠住的幼崽在水中溺死。堤坝摧毁了它们的栖息地。大量工业废水和污水被倾倒进它们生活的河流。化学物质和上升的气温或许会让幼崽的性别比例失衡。农业灌溉导致河流水位下降。恒河鳄产卵的河滩则被开发成了采砂场。恒河的生态修复已成为关乎印度政府声誉的议题。当地传统将恒河鳄与水联系在一起，而水又与生命息息相关——恒河鳄是水神伐楼拿和纯净无瑕的恒河女神甘加的坐骑。如果一切顺利，两位神明或许有望再一次骑乘恒河鳄，在清澈且充满生机的恒河上巡游。

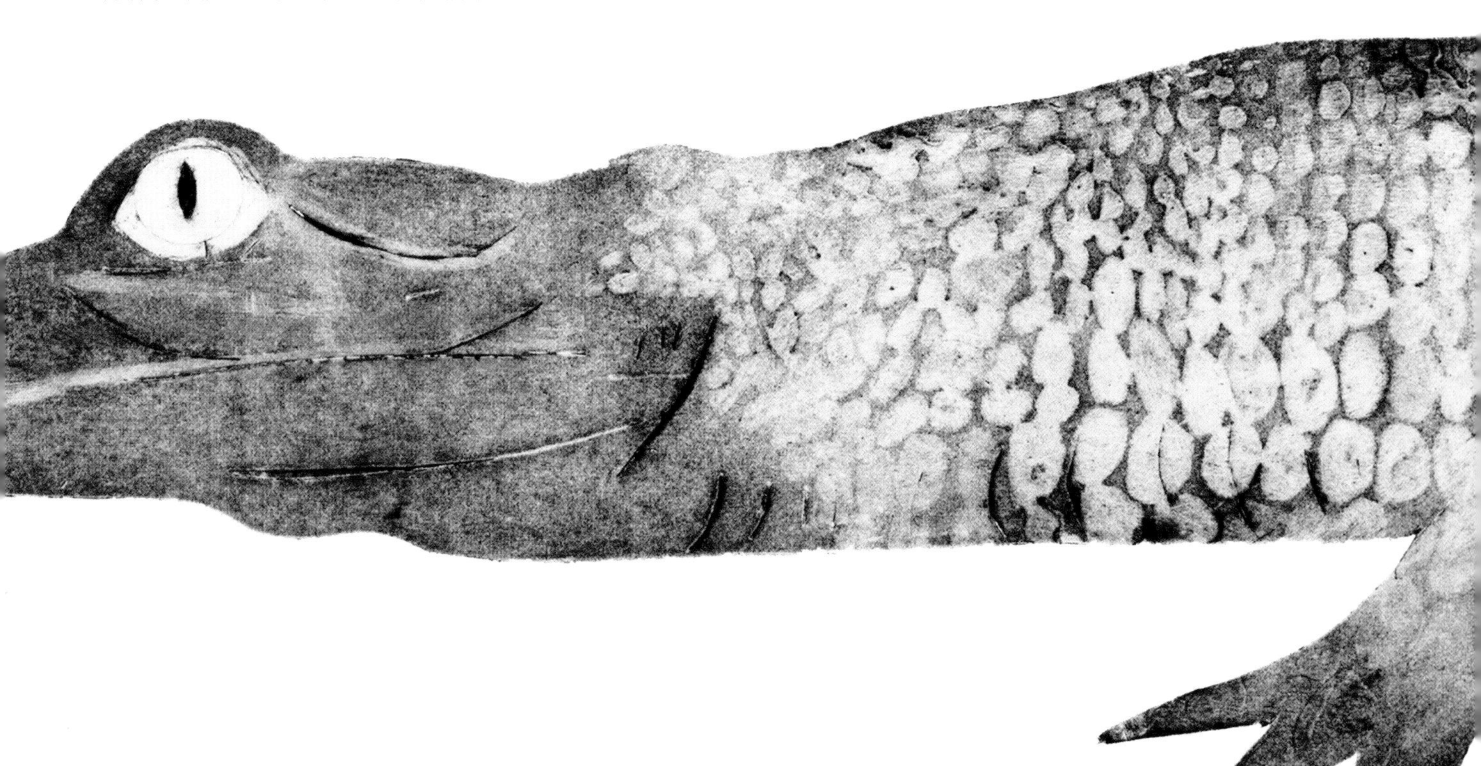

洞 螈

Proteus anguinus

这里没有光。水温在5℃至15℃之间。这里几乎没有生命，食物更是少得可怜，但对洞螈来说，这里就是家园。在洞穴的永恒黑夜里，它不需要伪装。在漆黑的洞穴中，洞螈身体苍白，皮肤几近透明，在手电筒的照射下，内脏器官隐约可见。

它蜿蜒前行，体态优雅。游泳时，细小的四肢拖在身后，只有在爬上陆地时才会派上用场。在陆地上，洞螈的四肢向外翻转，膝关节和肘关节弯成锐角，一改在水里鳗鲡般的外形，变成蜥蜴的模样。四肢和细小的足趾引导身体弯曲成合适的角度，让洞螈在岩石间爬行，或者像蛇一样盘成一团。铲形头部让它能够捕食躲在岩石下和缝隙中的昆虫幼虫和蠕虫。

为了适应穴居生活，洞螈进化出了较低的新陈代谢水平——它的心脏每分钟只跳动2次——以及长达10年不进食的能力。另外，它有2套呼吸器官，既可以通过肺吸入氧气，也可以用颈部两侧的3对红色羽状鳃呼吸。它的双眼在生命早期阶段就已萎缩，因为它不需要视觉。但它对水中的振动、味道以及电场和磁场有着极为敏锐的感知，以此辨别方向、躲避威胁、寻找食物。它甚至可以通过皮肤感知光线。这些高度发达的感官让这个物种存活了大约1.1亿年之久，比人类存在的时间长366倍。对于这么小的脊椎动物而言，洞螈的个体寿命长得不可思议。它达到性成熟所需的时间与人类基本相当——12－15年，而它的寿命或许可以达到100年。

洞螈原产于爱琴海东岸的狭长地带，大致分布在的里雅斯特和杜布罗夫尼克之间。洞螈是欧洲唯一的穴居脊椎动物，在当地有许多俗称，比如“幼龙”和“鱼人”。在希腊神话中，普罗透斯（Proteus）是一位拥有预言能力的次级海神。

在斯洛文尼亚，洞螈被视为国宝，但依然有人为了宠物贸易而捕捉它们。洞穴上方的栖息地受到干扰和污染是洞螈面临的最严重的威胁，这些因素正在削减它们的数量。

这种生物经历过大型陨石对地球的撞击，经历过导致恐龙灭绝的危机（无论那究竟是一场怎样的危机），经历过全球气候的多次重大变化，都存活了下来。可是现在，后来居上的智人的活动却让这个物种陷入危机，这个事实无疑是一道衡量人类破坏性的标尺。

在传说中，先知的警告往往被人们误解或无视。但愿洞螈的警告不会遭受同样的待遇。

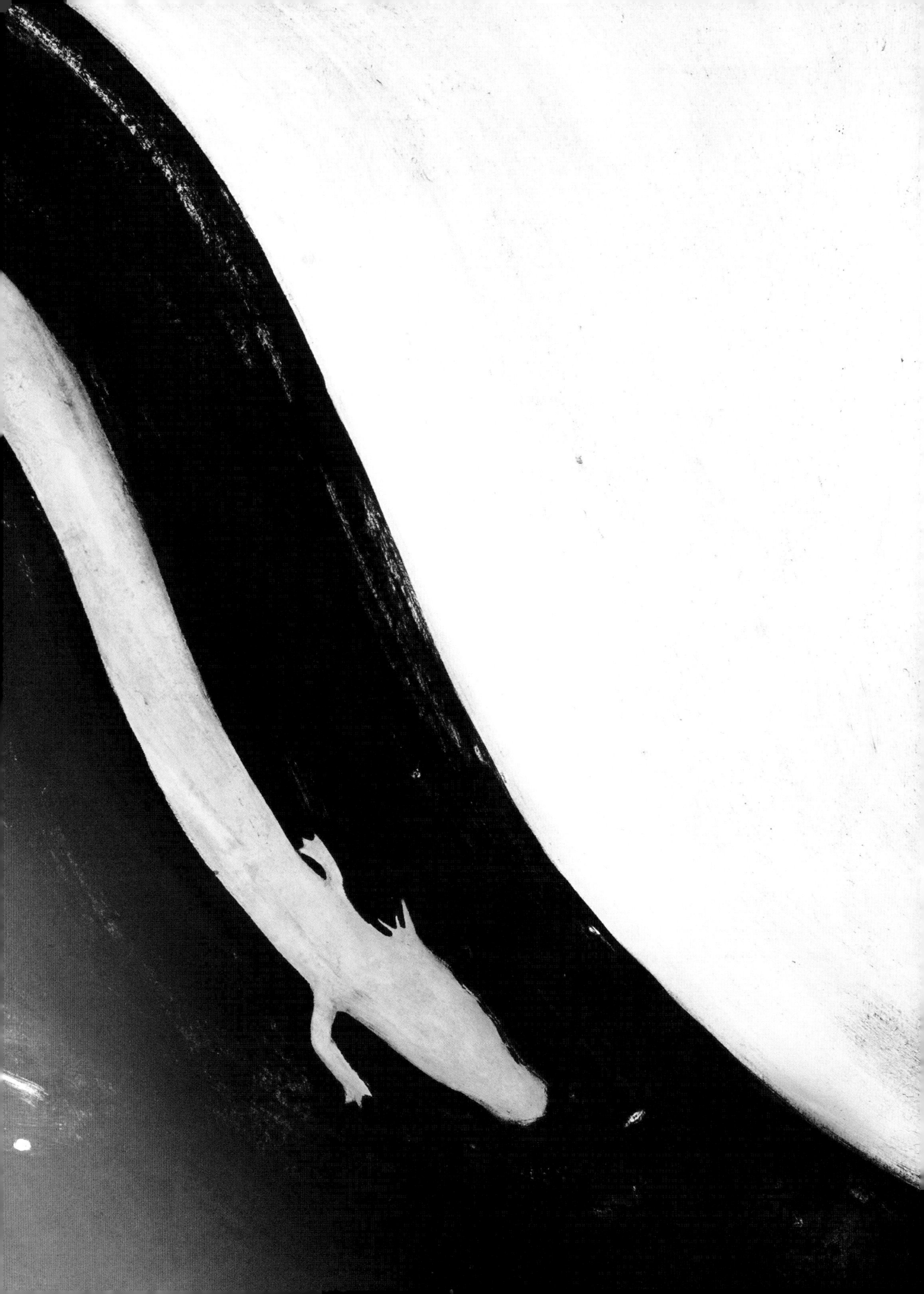

土　壤

榆树树叶落尽，树冠的轮廓模糊了大地与天空的界线。当泥土被犁铧切割和翻动时，地面舒缓的曲线被一笔一笔镌刻成笔直的沟壑，顺着地势上下起伏。天空中劲风阵阵，海鸥的长鸣此起彼伏。对于我们而言，耕耘土地似乎和季节更替一样自然，但事实上，耕耘土地让环境付出了毫无必要的代价。

土壤让植物生长，但它的意义远不止于此。不受干扰的土壤是我们脚下的小小宇宙，像热带雨林一样错综复杂、充满生机。这里就是根际层，是蠕虫、螨虫、潮虫和跳虫的家园。从根际层舀起一茶匙健康的土壤，其中所含的微生物数量——缓步动物、线虫、酵母菌、藻类、原生动物和细菌——可能超过全球人口数量的总和。

根际层是一个动态系统。猎物、掠食者、庇护者和食物提供者相互作用，也与植物相互作用，而我们才刚刚开始探索其中的奥秘。这里的生命将植物中的物质分解，使养分循环进入活着的植物中，同时产生腐殖质——土壤中的有机部分。

大气层中的空气不断与土壤中的空气发生交换。腐殖质越多，土壤所储存的水分和碳也越多。土壤中的碳含量超过大气层和全世界植物所含碳的总和。扰动土壤或将土壤暴露在外会将碳重新释放到大气层中，还会损害根际层里的生命。农用化学品同样在杀死土壤中的生命，让它们循环营养物质的能力大打折扣，进而损害土壤生长出富含营养的食物的能力。

形成半厘米厚的土壤需要一个世纪的时间，然而，城市建设、采矿或农业活动破坏土壤只需要几秒钟。农业占据了全球一半的可居住土地——这个比例大大超出了必要的限度，因为在全球范围内，每年为人类生产的食物中有 1/3 都被浪费了。这个问题是有办法解决的。比如，再生农业提供了一些方法，可以在较少使用化学物质且不破坏土壤的条件下生产出大量食物。

“human”（人类）这个单词来源于拉丁语中的“humus”，意思就是土壤。土壤中的元素组成了我们的血肉之躯，通过我们食用的植物进入我们的身体。土壤是地球纤薄的皮肤，维持着我们的生存。土壤吸收我们排放的碳，让植物制造出我们呼吸的大部分空气，同时也将许多工具交到我们手中，好让我们修复自己造成的诸多破坏。

从土壤中萌生的，
为土壤提供养分的，
或者因为我们的土地利用而变得罕见的，
正在消失的物种

粉红宝塔菌

Podoserpula miranda

根茎像粉色的芦笋一般，从苔藓中破土而出。它的矛头状顶端逐渐增厚，随后绽放成漏斗形的菌伞，菌伞表面布满鳃状褶皱，边缘呈弯曲的波浪形。菌伞中心冒出第二段茎，同样长出一个“漏斗”，层层相叠，最多可长出 6 层，最上一层是一顶小帽子，帽子上有个尖头，活像倒置的陀螺。整个精致的结构通体呈现棉花糖般的颜色。在绿色的苔藓和树叶的衬托下，粉红宝塔菌仿佛是来自另一个星球的生物。到目前，人们仅在新喀里多尼亚南部的 5 个地点发现过粉红宝塔菌，但由于火灾和它们赖以生存的栎胶木遭到砍伐，粉红宝塔菌的栖息地不断减少。这种真菌与森林的关系还有许多未知之谜。

据估计，地球上可能有 380 万种真菌，但没有人知道确切的数字。邱园真菌标本馆位于伦敦西部的乔德雷尔实验室，据说这里保存着 125 万件标本，但统计工作还远未完成。在标本馆内，沿台阶下楼走进地下室，感觉就像步入上下颠倒的玛雅神庙。房间里摆满一排排置物架，置物架上堆满整齐划一的绿色盒子，笼罩在霓虹灯下，氛围十分宁静。一位档案保管员打开其中一个盒子，取出一团形状不规则的棕色物体。一张白色卡纸将这团物体托住，纸上的标注字迹潦草，墨水也已褪色。这不是植物也不是动物，而是干燥的真菌标本。

真菌的种类数不胜数，颜色和形状也无比丰富多样——有星形、菠萝形、伞形和穹顶形的真菌，有貌似蕾丝花边的真菌，还有在黑暗中发光的真菌。这个星球上最大的有机生命体就是一丛真菌。每年都有大约 2000 种新的真菌被人类发现。真菌是最先征服陆地的生命，是它们促进了地球大气层的形成。有人认为，在数十亿年前，或许正是真菌让藻类得以离开海洋并演化成陆生植物。

如今，90% 的植物的生存依然取决于真菌。真菌通过菌丝——由细胞构成的管状细丝，是真菌用来探索周围环境、寻找食物和水的工具——与植物相连。真菌还会用菌丝探入或者裹住植物的根系，为根系提供营养物质。作为交换，植物将自己通过光合作用从空气中吸收的碳提供给真菌，菌丝表面覆盖的黏性蛋白需要这些碳。

菌丝体是真菌菌丝构成的网络。菌丝体让植物们的根系联结成一个整体。植物们利用这个网络沟通交流：相对强壮的树木由此将营养物质输送给较弱的树木；被蚜虫袭击的蚕豆植株可以及时向其他植株发出警报，让

它们释放出能够驱赶蚜虫、吸引捕食蚜虫的黄蜂的化学物质。有些菌丝体甚至能够传输电脉冲，与我们的神经系统颇为相似。

当土壤被耕耘时，真菌脆弱而纤细的菌丝遭到破坏，暴露在空气中，这会将碳释放到大气层，也损害真菌储存碳的能力。农用化学品杀死了许多真菌，然而我们最近才开始意识到：真菌具有保护植物、为植物提供养分的特性，因此可以降低我们对肥料和杀虫剂的需求。真菌能够分解死去的植物，将其中的成分回收到土壤中，为其他物种提供食物，提高土壤的抗旱能力，同时将植物中的碳固定在土壤里。

人类利用真菌的方式多种多样。至少有 350 种真菌是人类的食物或者生产食物的原料，奶酪和巧克力等食物的制造过程中都有真菌的身影。菌丝体的纤维可作为塑料和建筑材料的替代品，相比之下，其生产过程中排放的二氧化碳要少得多。

真菌可以打断氢和碳之间的化学键，这意味着它们能够生物降解石油和柴油，甚至可以“消化”塑料。亚历山大・弗莱明（Alexander Fleming）在 1928 年发现的青霉素拯救了无数生命，充分证明了真菌的医学潜力。美国食品药品监管局列出了 16 种从真菌中提取的药物成分，其中一些有助于降低胆固醇和治疗癌症。

邱园所做的工作意义非凡。这些温室和保存着数百万件标本的真菌馆就像一座方舟。对于这里的许多植物来说，环境已变得无比恶劣——它们的栖息地遭到破坏，所在地的局部条件发生了天翻地覆的变化——以至于地球已经不再是它们温暖的家园。

随着森林被烧毁、地面被建筑物覆盖，我们正在摧毁真菌，也在失去探索它们的机会，我们或许永远无法认识到它们的价值。在我写下这些文字的时候，粉红宝塔菌只剩下不超过 240 株。

阿尔泰贝母

Fritillaria meleagris

这是一片浸水的草甸：洪水在低洼处聚积，将植物的轮廓映照得无比分明，比在空气中还要清晰。

4 月初，在英格兰南部的浸水草甸，草丛里的贝母抽出翠绿的新芽，格纹图案的花朵也逐渐成形。每一根微微弯曲的细瘦茎秆上伸展出 3 片、4 片乃至 6 片细长的叶片。茎秆顶部像牧羊人的曲头杖一样打了个弯，花头下垂，以保护花粉不受雨淋。花苞闭合时形似蛇头，打开时却像一盏灯笼。透过阳光，花瓣呈现出网格状的正红、粉红和品红色，宛如彩绘玻璃。

一旦成功授粉，花朵就会转而朝向天空，以便种子被风带走。过去曾有一种说法：只要是罗马人踏过的地方，都会长出这种植物。它们能够反射近红外线和紫外线——这是熊蜂能够看到的光。靠近的熊蜂会进一步被花朵的摆动和花纹所吸引。熊蜂的传粉行为能保护花朵免受霉菌的侵害。一旦钻进花朵内部，熊蜂就会像摇铃铛一样晃动花朵。

贝母的基因组比我们的基因组长许多倍。修建住宅、耕耘土地（将贝母的球茎连根拔起）、排干浸水草甸里的水、使用农用化学品，这些都对贝母构成了威胁。如今，它们在比利时和捷克已经灭绝，但在欧洲其他地区还有为数不多的几块。

各种类型的草甸都面临着威胁。在拖拉机出现之前，草甸是农场动力的来源，为农场提供可再生“燃料”——马匹的饲料。记录显示，草甸几乎总是比可耕地或牧场更有价值。

一片农田可能空置，土地被冰冷的钢铁犁铧翻了个底朝天，被带刺的铁丝网团团围住。但一片草甸永远不会空置，因为人类不会在草甸上种植作物，只会用它来放牧或者割草。正因如此，草甸上生长着各种不同的植物，而在植物品种繁多、数量丰富的地方，总是生机勃

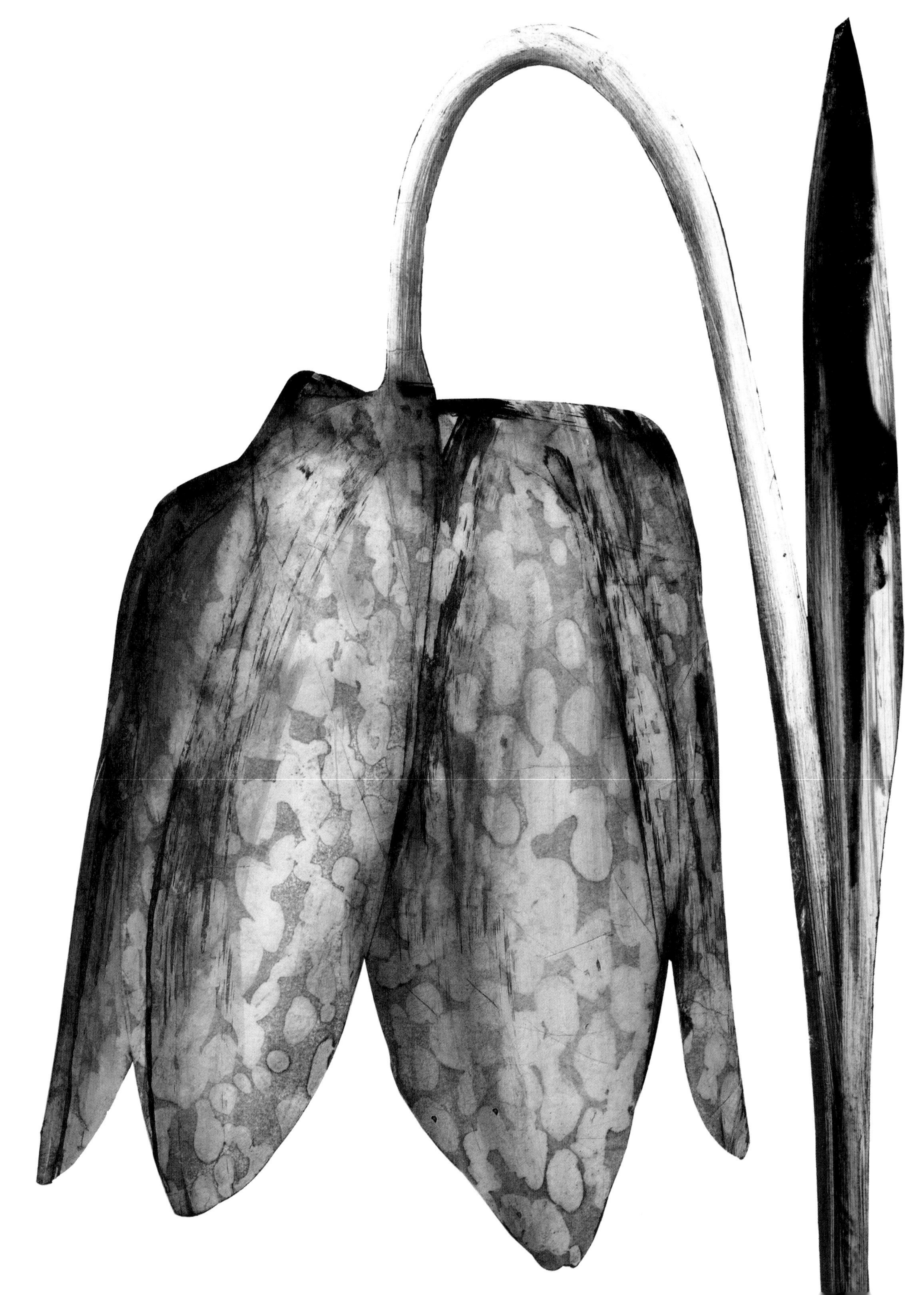

勃。收割和晾晒牧草的时机非常重要：必须给种子留出成熟的时间，也要给在地面筑巢的鸟类留出孵卵的时间。

小鼻花也被称为“草甸制造者”，它可以抑制野草生长，为其他物种提供生存空间。野豌豆和苜蓿根部的根瘤菌能将空气中的氮转化为植物可以吸收的形态。百里香和鼠尾草能够散发桃金娘烯醇，驱除害虫，而百脉根则可以让牲畜免受寄生虫的困扰。

在地面之下，草甸上的植物通过根系和真菌联结在一起；在地面之上，它们通过传粉的昆虫联结在一起。这些植物为大长耳蝠等生物提供了食物；在英国，这种蝙蝠仅剩下约 1000 只。以草甸里的小型脊椎动物为食的猫头鹰如今也越来越罕见，密集型农业对它们的栖息地构成了威胁。

使用氮肥会让野花和真菌的数量大幅减少，哪怕用量极小。除草剂也会杀死它们，而杀虫剂则会杀死为它们传粉的昆虫。

举例来说，堇紫珊瑚菌对氮极其敏感。这种真菌淡紫色的波浪形枝条呈密集的簇状，仿佛有看不见的水流推着它们来回摇晃。这种真菌可以消化死去的苔藓和草，吃起来有点像黄瓜的味道。堇紫珊瑚菌喜欢有年头的草甸、未受打扰的草坪和墓地。在过去的 75 年里，欧洲西部 90% 的堇紫珊瑚菌栖息地遭到破坏，其数量也在不断减少。

草甸的历史十分古老，也许可以追溯至第一批人类来到英国砍伐森林的年代。

当杂色的雏菊开遍牧场，蓝的紫罗兰

白的美人衫

还有那杜鹃花吐蕾娇黄

描出了一片广大的欢欣◆

莎士比亚一定很了解沃里克郡的乡野。现在，要想在同一个地方找到上文中的所有花朵，他只能派帕克★去完成这个任务了。自 20 世纪 30 年代至今，英国失去了 97% 的野花草甸。而在沃里克郡，只有 0.5% 的野花草甸存留至今。

◆ 本段出自莎士比亚《春之歌》，译文出自朱生豪译本。

★ 帕克（Puck），又译浦克，莎士比亚戏剧《仲夏夜之梦》中的角色，是一位喜欢恶作剧的小精灵。

欧洲野牛

Bison bonasus

一条古老的河流常年流经这处洞穴，河水在岩壁上蚀刻出空洞，在石灰岩上打磨出静止不动的漩涡和波浪。黏土质的地面上有一个男孩和他的狗留下的脚印，天花板上还有他燃烧的火把燎出的黑色印记。狼和比灰熊还大的洞熊也曾在这里栖息。它们用庞大的利爪抓挠焦糖色的岩石，留下的白色爪痕清晰无比，仿佛昨天才刻上去。

在狼和洞熊之后，大约 3.6 万年前，同样是在阿尔代什省的肖维岩洞，同一面岩壁画上了草原野牛的形象。黑色线条勾勒出它壮硕的肩膀、深色的面庞和牛角。这头草原野牛望着另一面岩壁上的三头狮子；旁边还画着一头原牛，那是家牛的野生近亲。欧洲最大的陆地哺乳动物——欧洲野牛正是原牛和草原野牛结合产生的混血后代。

事实上，从侧面看，欧洲野牛的胸腔前后确实像是两种动物拼接成的产物。身躯后半部呈深栗色，毛色更光滑、毛发更短，前半部则更像羊毛。后腿和臀部相对苗条一些，甚至可以说是纤细；颈部和肩部却肌肉虬结，长有牛角的三角形头部也同样壮硕。

欧洲野牛的祖先之一——草原野牛早在 1.1 万年前便已灭绝，而最后一头野生原牛则在 1627 年被人射杀。300 年后，最后一头野生欧洲野牛也在高加索地区被人杀死。而在此之前，狩猎和栖息地丧失早已让欧洲野牛的种群数量大幅减少。

在美国，类似遭遇也曾在美洲野牛（又名美洲水牛）身上上演。在有些照片中，野牛头骨堆积成山，而猎人就站在成堆的头骨之上。为了让原住民陷入饥饿、迫使他们投降，美国政府鼓励屠杀野牛的行为。大多数野牛被剥去牛皮、割去舌头，尸身则被丢在那里静静腐烂。到 1900 年，美洲野牛数量已从 6000 万头锐减至 300 头。

到 1927 年，只剩下 54 头人工饲养的欧洲野牛，今天的欧洲野牛种群都是其中 12 头的后代。即使不考虑基因池过小的问题，近亲繁殖也往往更容易导致疾病。

欧洲野牛性情温和而害羞，除非是为了守护自己的牛群。年长的公牛会为了争夺与母牛交配的权利而大打出手。情敌之间展开激烈的搏斗，每一头公牛的体重至少 1 吨，庞大的身躯掀起一团团尘雾。它们牛角向下，背部拱起，用额头猛撞对方。而雌性欧洲野牛是牛群的领袖。有时，可以看到成群的欧洲野牛跨越白雪皑皑的大地或是在森林中穿行，在树木的掩映下，只能隐约看到它们巨大的身影。它们快速移动时就像鱼群一样灵活敏捷。休息时，它们静静地站立或卧倒，呼吸之间喷出水汽，在喀尔巴阡草甸金色的阳光里宛如云雾。

成年欧洲野牛一天最多可以吃下 60 千克食物。体形庞大、成群活动的野牛能改变所到之处的环境。它们翻刨土壤，蹭掉树皮，推倒树木，啃食树苗……从而清理出一片片林中空地，让其他植物能够得到光照。被它们推倒的树木逐渐腐烂，吸引昆虫和以昆虫为食的鸟类前来，从而丰富了生物多样性。鸟类用野牛的毛发筑巢。欧洲野牛用沙土清理身体，这些土坑可以长出圆叶风铃草、帚石南和柳兰。欧洲野牛会吃掉灌木和低矮的树丛，从而降低林火发生的风险——正是因为这一点，西班牙正在重新引入欧洲野牛。

欧洲野牛的生存故事是环境保护取得成功的案例之一，它们可以将原牛和草原野牛的 DNA 传递到未来，正如我们也携带着祖先尼安德特人的 DNA 走向未来。

欧斑鸠

Streptopelia turtur

星光下，杂色斑驳的翅膀呈现出温柔的灰色，它迅捷地拍打翅膀，在缓缓移动的星空下向北飞行。沙漠中的热空气向上抬升，将它和众多同伴高高举起。它们离开金合欢树，离开树下衣着鲜艳、正在劳作的人们，离开这片炽热而多石的大地。它们一路飞翔，跨越大海、群山和城市，来到北方凉爽的绿野和灌木丛。

斑鸠要在萨赫勒地区的半干旱地带度过一年中 2/3 的时间，萨赫勒地区横跨北非，位于不断扩张的撒哈拉沙漠以南。欧斑鸠以小群为单位栖息在金合欢树上。移民、开发建设和过度放牧给当地的自然资源和土地产能带来了压力。随着树木不断被砍伐，这一地区正变得越来越炎热干旱。

4 月初至 4 月中旬，斑鸠离开萨赫勒地区，在夜晚向北飞越撒哈拉沙漠。它们的飞行速度可以达到每小时 60 公里，一夜之间能飞行 500 – 700 公里。无垠的沙漠里缺食少水，这对欧斑鸠而言是巨大的障碍；对这小小的鸟儿来说，遭遇沙尘暴就是致命的危险。沙砾飞进它们的眼睛、嘴巴、鼻孔和肺部，积聚在它们的羽毛里，压得它们不得不下坠。在沙漠里，它们根本无法判断方向。成功穿越沙漠的欧斑鸠在埃及和摩洛哥短暂休息，在这些地方，许多欧斑鸠会被猎网捕获或者被射杀。一部分欧斑鸠继续飞向欧洲。在欧洲，鸽子◆轻柔的咕咕声曾经是属于春天和夏天的声音。鸽子一旦找到伴侣便终生不渝，从《雅歌》到莎士比亚，再到伦敦的押韵俚语，鸽子在世界各地都是爱情与忠贞的象征。为美神阿弗洛狄忒拉车的就是一对斑鸠。

然而在欧洲，它们也会被人猎杀。欧盟关于禁猎欧斑鸠的规定普遍被人们所无视。这些鸟儿在西班牙南部驻足，寻找食物和水。当地人的捕猎技巧是守候在它们喝水的池塘边，等它们自己送上门。在整个欧洲和北非，每年大约有 300 万只斑鸠被猎杀。自 1980 年以来，斑鸠的种群数量在欧洲地区减少了 62%，在俄罗斯西部地区则减少了 90%。旅鸽的故事为人们敲响了警钟：过去，北美曾经有那么多旅鸽，多到没人觉得它们会被赶尽杀绝，然而它们真的灭绝了。

在英国，人们不会射杀斑鸠，然而自 1970 年以来，斑鸠的种群数量减少了98%。在英国，它们面临的主要威胁是栖息地丧失和集约型农业。斑鸠生性害羞，它们喜欢在树冠上、在高大而多刺的树篱和灌木丛中筑巢，不喜欢离水源和它们觅食的植物太远。它们采食各种植物的种子，其中许多植物被我们视为杂草：野芥菜、藜属植物、球果紫堇属植物、繁缕、卷耳属植物、紫羊茅和蓼属植物。

如今在英国南部，不受人类打扰的野外空间所剩无几：树篱被修剪，杂草被灭杀，经过重新种植的草场成了毫无杂草的单一品种牧草地。如此一来，欧斑鸠不得不飞去更远的地方寻找食物。在找不到野生植物作为食物的情况下，它们就会吃农业种植的谷物，但有观点认为欧斑鸠很难消化这些谷物。此外，食用谷物据说也与欧斑鸠的产蛋量下降存在关联。谷物外壳通常沾有杀虫剂，这或许会降低鸟儿的生育能力。

在英国，欧斑鸠的消失速度比其他任何鸟类都快。英国是全世界自然环境遭受破坏最严重的国家之一，在218个国家中排名第189位。

它们最后的繁殖地之一是位于西萨塞克斯郡的克奈普庄园（Knepp Estate），这座庄园的环境已经重新野化。在这里，动物得以在不受人类干预的条件下繁衍生息，环境也是如此。这里不再使用化学物质，逐渐挽回损失；牲畜自己觅食青草，为所到之处带去有机肥料。现在，这里生活着19对有繁殖能力的斑鸠。

求偶时，雄斑鸠弯下身子，温柔地发出颤动的咕咕声。如果雌斑鸠喜欢它，它们就会用小树枝搭起巢穴，在巢里垫上干草。雌鸟每窝会产下1－2枚白色的卵，父母双方轮流孵化——父亲值白班，母亲值夜班。过去，它们在一个繁殖季里可以产下3枚卵，现在却只能产下1枚。

如果我们在发展农业时不给大自然腾出一些空间，今后欧斑鸠或许再也无法为雾气缭绕的北方带来一年一度的夏日信息。我们或许就是见证欧斑鸠之歌成为绝唱的第一代人。

◆ 斑鸠（turtle dove）和家鸽都属于鸽形目鸠鸽科，外形有相似之处，因此也属于广义上的“鸽子”。

伊比利亚猞猁

Lynx pardinus

在晴朗的夜晚，抬头眺望大熊座和御夫座之间的天空，你或许能看到天猫座。1687 年，天文学家约翰内斯·赫维利乌斯（Johannes Hevelius）将这群星星命名为天猫座，因为这些星星距离我们有许多光年，你必须拥有堪比猞猁的视力才能看见它们微弱的光芒。◆当然，在无云的夜晚，你更有可能看见星星而不是猞猁。

煤灰色的线条勾勒出它身体的轮廓，闪闪发亮的双眼呈浅黄色，中间是叶片形的瞳孔，目光炯炯有神。它的脸部长有一圈饰毛，从正面看是白色，从侧面看是深色，饰毛向下收拢，形成两个倒三角，与耳朵的形状相映成趣。

伊比利亚猞猁玉米色的身体上布满黑色的斑点，在灌木丛生的石灰质荒野上与周围环境光影交错，融为一体。猞猁的后腿比前腿更长、更强壮，这让它们的躯干呈俯身前倾的姿态，从而能轻松跳过高度超过 2 米的障碍物，哪怕口中叼着猎物。它们以每小时 50 英里的速度冲向目标，在地面上疾驰飞奔。这种猞猁拥有敏锐的听觉和出色的视觉，它们在夜间活动，静默无声地接近猎物。在日落时分，猞猁尤其活跃，而这也正是它们的主要猎物——兔子出来活动的时间。

尽管西班牙政府在 20 世纪 50 年代撤销了猎杀猞猁的悬赏，但伊比利亚猞猁的种群数量仍在不断下降，因为兔黏液瘤病和兔出血症（兔瘟）让它们的猎物大大减少。从 20 世纪 50 年代起，猞猁的栖息地逐渐被农业用地和旅游度假村占据。道路成倍增长。到 20 世纪末，猞猁的栖息地只剩下极小的一部分，伊比利亚猞猁的数量不足 100 只。假如人们没有采取行动，伊比利亚猞猁很可能成为继剑齿虎之后第一种在欧洲灭绝的大型猫科动物。

伊比利亚猞猁是欧洲两大地方性食肉动物之一。它们的栖息地已得到恢复，数千只兔子被放归野外，呼吁人们关注猞猁的活动也不断展开。另外，猞猁已被重新引入葡萄牙——那里已经数十年没有出现过它们的身影。到 2020 年，伊比利亚猞猁的数量据说已上升至 855 只。然而，有限的基因池和近亲繁殖让它们更容易受到疾病的困扰。2007 年爆发了一场严重的猫白血病病毒感染，夺去了大量伊比利亚猞猁的生命。违法的偷猎行为依然存在，不过，道路交通事故才是导致这种动物非自然死亡的主要原因。

———

伊比利亚猞猁是星辰，我们不能对它所面临的困境视而不见。此外，还有许多生物同样需要我们的关注。

◆ 天猫座的英文 lynx 即为猞猁之意。

小长鼻蝠

Leptonycteris yerbabuenae

在索诺拉沙漠的劣地深处有一座古老的火山，两只蝙蝠在火山深处出生。它们紧紧依偎着母亲温暖的身体，窝在母亲柔软的黑色翅膀里。它们头朝下倒悬着，母亲用小小的爪子将它们俩固定在拱形的穹顶上。它们栖息在花岗岩和熔岩形成的通道里，位于数百米深的地下，这里的空气温暖潮湿。它们周围还有数千只同类。在洛斯莱普托斯岩洞永不见天日的黑暗中，它们觉得很安全。这里是小长鼻蝠为数不多的抚育后代的岩洞之一。母亲用手指为新生的幼崽梳理毛发；它自己当初也在这里出生。

3 个月前，它从大约 2000 公里之外、位于墨西哥中部森林的越冬地出发，与无数雌性同类一起，踏上前往位于墨西哥西北部的洛斯莱普托斯岩洞的旅程。巨型仙人掌的花朵在夜间开放，花蜜为小长鼻蝠提供了能量。它们从一朵花飞向另一朵花，跟随春天一路北上，并在途中为这些植物授粉。它们的迁徙路线位于太平洋和马德雷山脉之间。

到了秋季，当它们返回南方时，恰好赶上沿途蓝色龙舌兰的花期，这是小长鼻蝠最爱的食物之一，也是酿造龙舌兰酒的原料。这种植物的灰蓝色叶片形似长矛，株型呈高大的莲座状，一生只开一次花。蓝色龙舌兰需要生长 14 年左右才会开花，耗尽全部能量长出一支 5 米高的花茎，开出黄色的花朵。小长鼻蝠钻进花心啜饮花蜜；它们长长的口鼻部、耳朵、胸部和触毛都沾满了花粉。一旦花朵凋谢，母株也随之死去。在漫长的迁徙中，小长鼻蝠为不同的龙舌兰种群传粉，从而丰富了这种植物的遗传多样性。

————

在洛斯莱普托斯岩洞上方的地面，一只沙漠地鼠龟缓缓爬过温暖的黑色岩石。斑尾蜥将身体埋在红色的沙砾中。月亮升起，夜晚的花朵开始绽放。这是一个适合觅食的夜晚。

蝙蝠母亲们聚在一起，在岩洞内部的空间里盘旋，随后消失在月光中。它们飞出地面，起初是几百只，随后是几千只，小小的身影化作纷飞的夜色。它们在空中绕圈，速降，盘旋着消失在视野中。蝙蝠被分类在“翼手目”之下，顾名思义就是“翅膀形的手”，它们是唯一会飞的哺乳动物，而且往往飞得比鸟类更敏捷、更高效。蝙蝠用声音“看东西”。它们发出高频率的叫声，通过回音判断周围的环境。每天夜里，寻找巨人柱花朵的蝙蝠母亲能飞行 100 公里的距离。

小长鼻蝠只是 1400 种蝙蝠中的一种，大部分蝙蝠以昆虫为食，因此，它们能保护农作物，减少杀虫剂需求。一项研究发现，每公顷稻田只需 12 只高音伏翼就可以消灭稻螟蛾，而不必喷洒农药。小棕蝠母亲每小时可捕食 600 只蚊子，另外还捕食危害核桃、梨和苹果的苹果蠹蛾。据估计，通过降低杀虫剂用量、减少农作物损失，仅美国，蝙蝠每年就能为农场主节省数百亿美元。

一晚上，一只蝙蝠就可以在方圆数百公里内播撒 6 万多粒种子。得到蝙蝠粪便滋养的种子更容易生根发芽。赫姆斯利猪笼草（*Nepenthes hemsleyana*）是一种热带猪笼草，它们生长在文莱贫瘠的土壤中，很容易被哈氏彩蝠辨认出来。对于这种小型生物而言，这种植物杯形的捕虫笼是完美的藏身之所：赫姆斯利猪笼草的尺寸恰好能容下哈氏彩蝠母亲及其幼崽，突出的顶盖甚至还可以挡雨。作为回报，蝙蝠的粪便为植物提供了必需的营养物质。在岩洞内，蝙蝠的粪便在数百年间创造出了独特的生态系统。而当人类炸开洞穴的入口，掏走蝙蝠粪便作为肥料时，这一切都毁于一旦。

有 181 种蝙蝠面临灭绝的危险。长久以来，这些羞怯的生物一直饱受迫害。它们在许多地方被视为害兽，人们将它们的洞穴封死、炸毁或者给它们下毒。它们生活的森林遭到砍伐。走进岩洞的人会惊扰蝙蝠，而过早从冬眠中苏醒的蝙蝠可能会饿死。在全球范围内，引发白鼻病的真菌正在给蝙蝠种群带来灭顶之灾。在澳大利亚，不断升高的气温让眼镜狐蝠中暑而死。有人认为，气候变化还会改变蝙蝠迁徙和植物开花的时间，这意味着蝙蝠的食物来源减少，得到蝙蝠传粉的花朵也相应减少。在某些地区，人类甚至大量食用蝙蝠。

———

1988 年，小长鼻蝠只剩下 1000 只左右。它们遭到迫害，栖息地也被大片破坏。酿造龙舌兰酒需要含有较多糖分的龙舌兰叶片，为此，人们赶在龙舌兰开花之前将其收割，剥夺了蝙蝠的食物来源。一旦被砍倒，整个龙舌兰植株都会死亡。农民用它们进行无性繁殖，但这样繁殖出的植株抗病能力较差，需要添加化学物质才能生长。

开展跨界环境保护和洞穴保护、宣传蝙蝠的益处、允许一部分龙舌兰开花结果，这些举措让小长鼻蝠的数量有所回升，成为第一个移出《美国濒危物种名录》的物种。现在，我们可以买到带有“蝙蝠友好”标签的龙舌兰酒。可见，人类也能为其他濒危蝙蝠做些什么。

我们睡觉时，蝙蝠在默默守护我们的食物，为森林播种，保护我们免受害虫的侵扰，保护生物多样性。如果你喜欢牛油果、香蕉、芒果、桃子、碧根果、无花果、香草、糖、大米、枣、腰果、澳洲坚果、玉米、黄瓜、大豆、巧克力、长角豆、番石榴、西红柿、轻木、仙人掌、咖啡、茶和红酒，如果你喜欢穿棉质衣服，那么蝙蝠就是你的好朋友。当品尝玛格丽特鸡尾酒时，你或许也要感谢小长鼻蝠的付出。

大绿金刚鹦鹉

Ara ambiguus

春天将近尾声时，大绿金刚鹦鹉从尼加拉瓜的高地启程，一路向南，飞往哥斯达黎加所剩无几的森林里寻找无刺甘蓝豆树。这些巨树的高度超过 50 米，是一座座由苔藓和藤蔓植物打造成的垂直花园，充满生机与活力，为超过 1000 种不同的昆虫、植物和鸟兽提供了居所。这种树的粉红色花朵只开一天，在日出不久后绽放，吸引蜂鸟和 13 种蜂类前来。切叶蚁将花瓣带回巢穴，喂养幼虫赖以为食的真菌。

猴类、果蝠和鱼类以包裹种荚的香甜果肉为食。猴类和金刚鹦鹉很挑食，许多果实被它们随意丢弃，落在森林的地面上，之后又被刺豚鼠吃掉或埋进土里。长在树上的凤梨科植物可以存蓄雨水，为金刚鹦鹉提供水源。绿黑相间的箭毒蛙将小蝌蚪背在背上，吃力地攀上树干，将蝌蚪们一只一只运到这些微型池塘里，因为这里是安全地带。

当大绿金刚鹦鹉抵达此地时，无刺甘蓝豆树的果实还没有熟透。它巧妙地用喙撬开果壳，将白色的果仁从外壳、外皮和果肉中分离出来。它的喙十分有力，末端向下弯曲，仿佛一柄弯刀。金刚鹦鹉用喙钩住筑巢树洞上方的树皮，以此为支点来回摆动身体。这些鹦鹉的生存完全依赖于无刺甘蓝豆树。树枝脱落后在树干上形成的洞为它们提供了安全的巢穴。到了学飞的年纪，毫无经验的幼鸟谨慎地向下张望，打量着遥远的地面，紧紧抓住大树不放。它们的父母绕着大树飞来飞去，高声鸣叫着鼓励幼鸟。幼鸟将和父母一起生活数月，学习躲避猛禽和搜寻其他无刺甘蓝豆树的技巧。

在 20 世纪开展的大规模伐木活动中，许多无刺甘蓝豆树遭到灭顶之灾，当它们消失时，大绿金刚鹦鹉也随之逝去。苍翠的树冠像被恶龙袭击一般，连绵数公顷的林地连同林中所有欣欣向荣的生命全部化为灰烬。从上空俯瞰，倒在地上的树木呈颜色较深的线段，类似大头针散落在黑白 X 光片上的效果。森林不再蒸腾出体量庞大的水汽，降雨量也随之下降。毫无疑问，生命也会随之减少。密集而蓬勃发展的丰富物种已被道路，矿场，单一种植的菠萝、香蕉和可可以及单一的肉牛饲养所取代。

大绿金刚鹦鹉一生只认定一位伴侣，它们具有极强的社会性，甚至会在没有同类的环境中对我们人类产生依恋。现在人们认为，各种鹦鹉之所以会如此卖力地学习我们的语言，原因之一就是它们需要获得认可，需要迅速学会最能逗乐人类的语句。

全球有超过 17 种金刚鹦鹉，其中许多面临灭绝的危险；天蓝色的小蓝金刚鹦鹉已在野外灭绝。

袋食蚁兽

Myrmecobius fasciatus

它的眼部有一道深黑色的条纹，仿佛用粗炭棒描出的眼线，越发衬托出头部三角形的形状。它的身体从黄褐色逐渐过渡成焦棕色。后半身的背部有数条白色横纹，每一只个体的花纹都是独一无二的。再往后是一条瓶刷似的尾巴。

袋食蚁兽的花纹和毛色是很好的伪装，让它与森林地表的枯叶融为一体。它不时用后肢站立起来，以便更好地观察周围的动静。袋食蚁兽的行动十分迅速，但它时常停下一切动作，一动不动地倾听那些当地掠食者的声音：小隼雕、褐鹰、领雀鹰和地毯蟒。但比这些更致命的，是那些在 19 世纪被人类带到澳大利亚的狐狸和野猫。

袋食蚁兽是袋鼬目下的一种肉食性有袋类动物。在袋鼬目的其他成员中，袋狼也长有和袋食蚁兽相似的白色条纹；然而，由于栖息地被占据，该物种已于 20 世纪 30 年代被猎杀至灭绝。

袋食蚁兽拥有敏锐的嗅觉，它们依靠嗅觉探测地面之下白蚁的行踪。白蚁躲在蚁道里保持凉爽，通过蚁道在树木之间爬来爬去。

袋食蚁兽一天需要进食 20000 只白蚁；繁育期的雌袋食蚁兽的食量还要翻一番。它们用几乎相当于一半体长的舌头捕食白蚁。白蚁喜欢以倒下的树木为食，而袋食蚁兽也在这里栖居。

当 1788 年欧洲人第一次踏上大洋洲的土地时，袋食蚁兽的活动范围覆盖这块大陆南部的大部分地区，构成一片绵延数百万平方公里的弧形地带，如今却缩减到区区数百平方公里。一篇发布于 2010 年的论文报告称，自欧洲人抵达至今，澳大利亚的天然森林已消失了近 40%。

尽管有人工繁育和重新引入野外等措施，但目前全世界袋食蚁兽的数量已不足 1000 只。

蜣 螂

在城市扩展得如此之大、夜晚如此明亮之前，任何人只要一抬头就能看见它：银河，又称为“河汉”“千鸟之路”“夜之脊”“祖先狩猎鸵鸟的道路”。银河系的直径超过 10 万光年、平均厚度约 1000 光年，其历史则有约 136 亿年。银河系是我们的家园，这个星系是一个由气体、恒星和行星组成的巨型漩涡。

在一个没有月光的夜晚，在一颗距银河系中心有数千光年远的小小行星上，一只亮闪闪的黑色甲虫正推着一颗粪球穿过非洲的热带稀树草原。它头朝下脚朝上倒退行进，急匆匆地往家赶。身长 2.5 厘米的它，头部朝向大地，后脚指向星星，靠星光指引方向。这只甲虫用头部和强壮的前腿保持平衡，以 45 度倒立的姿势旋转一个比自己重许多倍的粪球，而其他几条腿负责调整方向，让粪球沿直线滚动。它每过几分钟就停下脚步，爬到粪球顶上，旋转 360 度，抬头望向天空。它就是夜行蜣螂（*Scarabaeus satyrus*）。与港海豹、靛彩鹀、模夜蛾和人类水手一样，这种甲虫也靠群星辨别方向。它小小的眼球无法分辨出具体的星星和星座，在它们眼里，整个银河就是一束模糊的光。它将银河不同的光照梯度记在心里，每次爬到粪球顶端时以此为参照，确定自己的方位。只有芝麻大小的大脑如何能记住如此复杂的事物，还能判断出如此微小的变化，我们不得而知。在动物王国中，除了我们自己之外，蜣螂是唯一一个已知能通过银河系导航的物种。它头朝下爬回原位，继续推动粪球穿过灌木丛，消失在视线之中。

蜣螂种类超过 6000 种，可划分为 3 大类：居住在粪堆里的粪栖蜣螂；在粪堆下直接挖洞，将战利品运到地下巢穴的掘穴蜣螂；滚粪球的滚球蜣螂。为了避免粪球被偷走，滚球蜣螂必须以最快的方式将粪球从粪堆旁推开，因此，它需要沿直线行进。有些蜣螂靠风来导航，当太阳处于最高点时，确保风始终保持在身体的一侧。

雄性和雌性蜣螂在粪堆附近相遇。雄蜣螂摆出倒立的姿态，用长满刚毛的后腿摩擦腹部，释放信息素来吸引雌蜣螂。它会送给雌蜣螂一个粪球。交配之后，某些品种的蜣螂会一同制作一个用于孵卵的粪球。雌蜣螂爬到粪球顶端，让雄蜣螂推着走。

对非洲最稀有的蜣螂之一——酒神蜣螂（*Circellium bacchus*）而言，雌雄的分工却恰恰相反：雌性推动粪球，雄性跟在其身后。等它们钻进地下，将孵卵的粪球埋在安全的地方之后，雌蜣螂便会在粪球里产下 1 枚卵，来年春天就会孵化出幼虫。蜣螂母亲在粪球外面涂抹一层层唾液和更多的粪便，直到卵被安全地包裹起来，并拥有足够的食物。大多数昆虫一次或许能产下数千枚卵，而且永远见不到它们的后代。但酒神蜣螂不同，它们一年只产 1 枚卵，而且有可能留在附近照料、保护、清洁幼虫，并在必要时对饲育幼虫的粪球修修补补。蜣螂幼虫经常成为土豚和蜜獾的猎物。一旦虫卵孵化，幼虫便以周围的粪便为食，将粪球啃出一条路来。同蝴蝶和蛾类一样，蜣螂要经历完全变态发育的过程，缓慢地从幼虫长成蛹，再发育为成虫。现在，长有硬壳的甲虫钻出了地面。

除了南极洲，每个大陆上都有蜣螂的身影。它们将粪便运走，既清理了地表，也为土壤提供了肥料，新生植物得以茁壮成长，动物幼崽在春天到来时便有了食物。

有人认为，塞伦盖蒂草原上 70% 的粪便都是蜣螂掩埋的。它们让空气进入土壤，也将种子播散出去。在南非，银木果灯草的外观和气味都与白纹牛羚的排泄物十分相似，从而欺骗蜣螂将其种子埋进土里，为它们播种。

蜣螂是物种引进为数不多的成功范例之一：在澳大利亚的农场上，它们让苍蝇的数量减少了 90%。在得克萨斯州的部分地区，据说它们掩埋了 80% 以上的牛粪，从而减少了对化学肥料的需求。

它们挖出的隧道让土壤能够更好地吸收水分、过滤化学物质。在挖掘粪堆的过程中，蜣螂为粪便提供了氧气，杀死能够产生甲烷（最强大的温室气体之一）的古菌微生物。蜣螂是其他数百个物种的食物，包括非洲的缟獴、北美大平原上的锦箱龟和欧洲的马铁菊头蝠。

据估计，仅在英国，蜣螂每年为农民提供的服务就价值数亿英镑，但用在牲畜身上的除虫药和抗生素最终会随粪便排出体外，对蜣螂造成伤害。如今，英国的各种蜣螂中有 1/4 已十分罕见，4 种已经灭绝，还有超过 16 种面临着集约农业的威胁。在世界各地，栖息地丧失、农用化学品的使用和黑暗环境的缺乏都让蜣螂的数量不断减少。研究人员发现，在为了放牧牲畜而将灌木清理一空的地方，便不再有夜行蜣螂的踪影，然而它们曾广泛分布在南非的许多灌木丛草原上。如今，唯独在还有犀牛和大象漫步的国家公园里依旧能见到酒神蜣螂。

光污染让欧洲和北美 99% 的人无法看见银河。我们正在失去一项重要的体验。失去黑暗的夜晚只是不利于我们的健康，但对蜣螂来说却严重得多，它们靠星光导航，这决定着它们的生死。人类或许不像需要清洁的空气和水那样需要黑暗，但对于我们所依赖的某些物种而言，黑暗就像空气和水一样不可或缺。

古埃及人非常明白蜣螂的重要性，在他们的信仰中，蜣螂是神圣的动物，是推动太阳走过天空、在夜晚牵引太阳进入地底的凯布利神的化身。代表凯布利的古埃及星座是圣甲虫座，也就是我们如今所说的巨蟹座。今天，人类的所作所为让我们失去的不仅是美丽壮观的银河奇景，还有这种颇具英雄气概、孜孜不倦的小生物为我们提供的服务。

野骆驼

Camelus ferus

一群动物顺着沙丘之脊缓缓行进着。太阳低悬在地平线附近，明亮的金色光芒勾勒出它们的轮廓，穿透它们喷出的鼻息形成的团团云雾。它们昂着头，颈部的曲线和两个驼峰清楚无疑地表明，它们是骆驼。沙丘阴面还有积雪。这里是戈壁沙漠，来自西伯利亚的北风经年不断地吹拂，让气温经常降至零下 40℃。这里无比寒冷干燥，当太阳照射到积雪上时，雪竟然不会融化，而是直接升华；而骆驼靠吃雪来摄取水分。它们的坚韧和适应能力超乎寻常。而在夏季，此地的温度可能超过 50℃。

野骆驼的足部有宽大的肉垫，让它们不至于陷入沙子里，也可以保护脚底不被锋利的岩石割伤。优雅的长腿让它们的身体始终高于沙漠地面附近最热的空气层。它们的皮毛从沙砾的颜色逐渐过渡到深焦糖色，它们的眼睛长有两层睫毛，从而保护眼睛不受沙尘暴的沙砾伤害。两个驼峰顶端各长有一簇深棕色的饰毛，驼峰储备的脂肪让它们可以数日不进食。野骆驼是群居动物，一群可达 30 头，由领头的雄骆驼带队。

过去，野骆驼的分布范围从黄河的河套平原横跨沙漠，一直到哈萨克斯坦中部。如今剩下的 1000 多头野骆驼——中国有 600 头，蒙古有 450 头——是数百万年前从北美跨越白令陆桥来到这里的种群仅存的后代，与家养双峰驼是不同的物种。

中国的野骆驼种群主要分布在罗布泊地区。而在 1996 年之前的 32 年间，罗布泊曾是中国的核弹试验场，但骆驼幸存了下来。在中国的野骆驼活动范围内，气候尤其干旱，在缺乏淡水的情况下，它们进化出了饮用比海水盐度更高的咸水的能力。它们究竟是如何做到这一点的，至今仍是一个谜。

尽管适应能力极强，但它们却是世界上最濒危的哺乳动物之一。19 世纪中期，在其活动范围的西部，它们一度彻底消失。如今，每年仍有约 50 头野骆驼——相当于其种群数量的 5%——被猎杀。

人口扩张破坏了野骆驼的栖息地。为生产羊绒而饲养的羊和其他牲畜降低了土壤的稳定性。随着民勤县这样的城镇日益发展，地下水位不断下降。矿藏——主要是铜、煤、银、金和钼——的开采活动也影响着环境。戈壁沙漠变得越来越热、越来越干燥，因此，绿洲的数量也不断缩减。所有动物的食物都在减少，给畜群和骆驼都带来了压力。

但是还有希望。在野骆驼保护基金会（WCPF）的帮助下，如今的中国政府十分重视对野骆驼的保护。

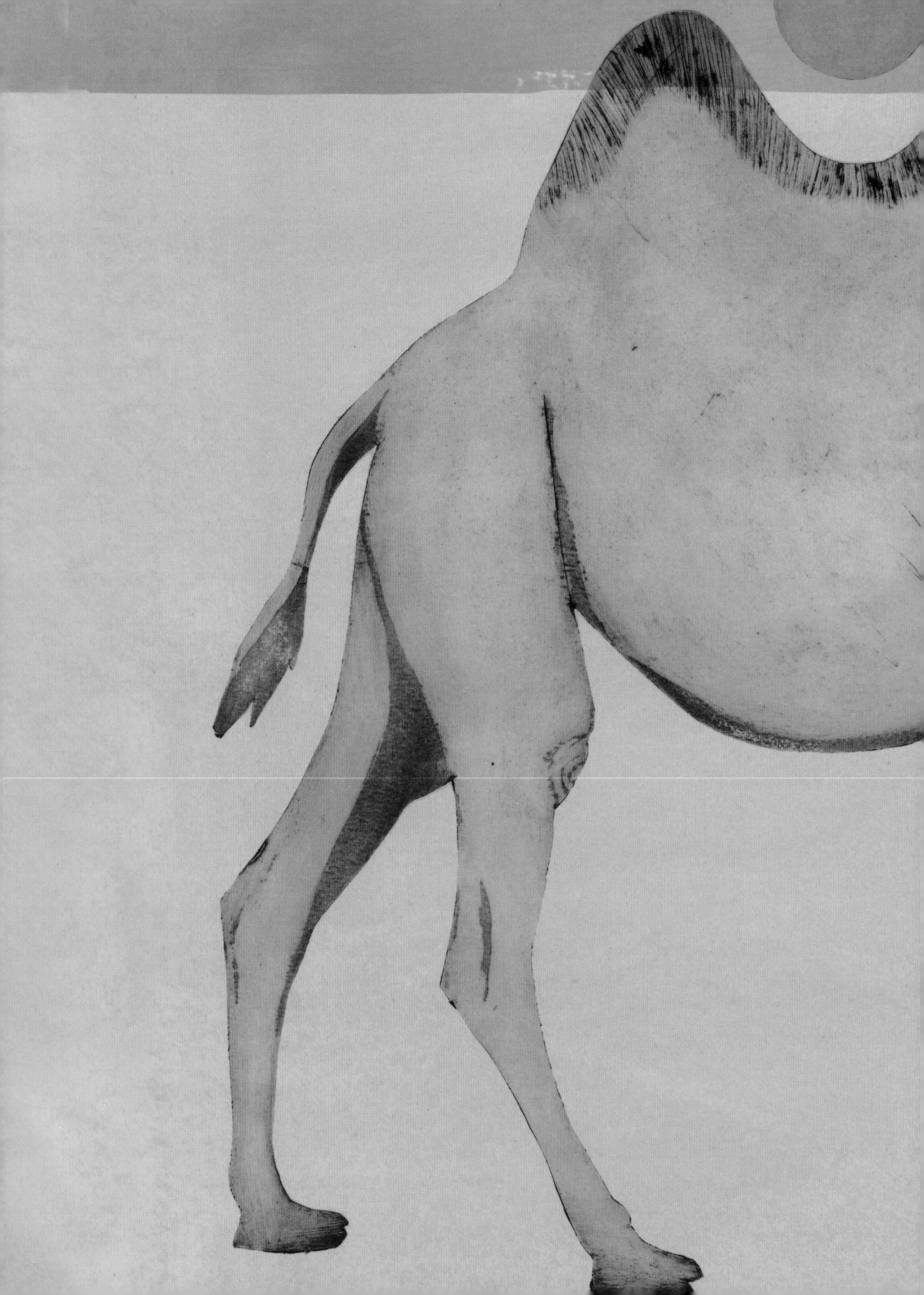

锈端短毛蚜蝇

Blera fallax

清晨时分，阳光穿透浅绿色的草丛，化作无数柄光刃。太阳从高达 1000 米的峻峭崖壁后冉冉升起。阳光给这座山披上了面纱，背光的一面几乎消失在阴影里。在暗面的背景之下，数千只昆虫乘着升腾的温暖气流向高处飞舞，像火堆中迸溅而出的火花，飞向陡峭的高山草场。现在正值春季，这是全世界最不引人注意的大规模迁徙之一：食蚜蝇向北飞越比利牛斯山脉的隘口，踏上繁衍后代的道路，并沿途以花蜜为食。

两个月后，在 1600 多公里之外，另一种食蚜蝇科昆虫——不会迁徙的锈端短毛蚜蝇破蛹而出，藏身在一棵上了年纪的欧洲赤松树桩底部的泥炭藓中。这棵树伫立在凯恩戈姆山脉的一小片森林里，120 年来，它一直是红松鼠的家园，而它新生的绿色松针则是雷鸟的食物。松树内部在栗褐暗孔菌的作用下逐渐软化，直到某个风雨交加的夜晚，树干被一阵劲风吹断，倒在地上。树桩凹陷处积满雨水，继续腐烂，形成营养丰富的溶液。锈端短毛蚜蝇的幼虫会在树桩里生活一年之久，以朽木为食，通过换气管呼吸，羽状刚毛支撑换气管露出水面。幼虫从积水中爬出，在苔藓中结茧，等待着北方的春天。

现在，幼虫已发育为成虫，它趴在阳光里，脑袋可以扭转近 180 度。它用前腿摩擦巨大的复眼和触角。接着，它伸开后腿，只需拍打几下翅膀便腾空而起。食蚜蝇的翅膀每秒钟可拍打 120 次，一秒之内可飞出 3.5 米。而振翅最快的冠军要数体形微小的光胸库蠓，每秒钟可振翅 1000 次。

锈端短毛蚜蝇（俗称松木食蚜蝇）起飞去寻找野生覆盆子和花楸树的花朵。这是英国最濒危的本土昆虫之一，十分罕见，截至 2018 年，人们已有 5 年不曾在野外见到它们的身影。

锈端短毛蚜蝇的整个生命周期都依赖于欧洲赤松。这种松树与花楸树和垂枝桦共同形成了喀里多尼亚森林残存至今的部分——喀里多尼亚森林过去是群狼和熊的家园，覆盖着不列颠北部的大部分地区。欧洲赤松是英国唯一的本土松树品种，也是在最近一次冰川期之后最早踏上不列颠的树种之一；那时，英国与欧洲大陆还有陆地连接。

当罗马人来到苏格兰时，当地的原始森林已被人类砍伐了将近一半。有观点认为，到公元 1000 年，这里的森林已缩减至其最初面积的 20%。1503 年，苏格兰议会称“苏格兰的树木被破坏殆尽”，并且通过了两项鼓励植树和限制伐木的法案。之后200年里，人们采取了更多的措施，但并未减缓砍伐森林的进程。及至拿破仑战争结束时，这里已经基本没有足够成熟的树木可供砍伐。这想必破坏了松树树干形成朽洞的漫长周期，而食蚜蝇的生存恰恰取决于此。在两次世界大战期间，砍伐森林也产生了同样的后果。

对许多苏格兰人来说，欧洲赤松的意义就相当于橡树之于英格兰人——罗宾汉的故乡就是一片橡树林：这是他们民族精神的象征。在苏格兰，人们在土地周围筑起篱笆，保护树苗免遭绵羊和鹿的啃食。重新引入猞猁可能有助于控制鹿的数量，从而逐渐修复雷鸟的栖息地。作为重新野化活动的一部分，锈端短毛蚜蝇也经人工培育后放归野外。然而与此同时，为了节省20分钟的时间，一条高速铁路从一片拥有300年历史、稀有而古老的英格兰橡树林中横穿而过。

在全球范围内，食蚜蝇在农业和自然生态系统中都扮演着至关重要的角色。人们相信，超过一半的野生花朵和农作物都依靠它们来传粉。这些食蚜蝇将有机物回收利用，它们的幼虫以害虫为食，而食蚜蝇本身又是鸟类的食物。最近的一项实验发现，食蚜蝇的幼虫能够消灭甜椒上93%的蚜虫，让果实的产量提高390%。美国农业研究局将莴苣类作物与吸引食蚜蝇的花卉间作种植，发现这样基本可以完全消灭莴苣上的蚜虫。

全球1/3的昆虫处于濒危状态，超过40%的昆虫数量正在减少。它们灭绝的速度比爬行动物、鸟类或哺乳动物快8倍。尽管相关研究寥寥无几，但有观点认为，与锈端短毛蚜蝇不同，许多有迁徙习性的食蚜蝇种群数量在过去10年中一直比较稳定。

每年有多达40亿只食蚜蝇在英国和欧洲大陆之间迁徙。它们等待顺风来临，然后爬升1公里的高度，跨越英吉利海峡。它们飞得实在太高，研究人员甚至不得不动用专门设计的昆虫监测雷达来追踪它们的行迹。在这场史诗般壮阔的迁徙之旅中，这些生物为数十亿株植物传粉；当它们大量聚集在一起时，它们将数以吨计的营养物质、氮和磷储存在体内；而等到它们死去时，又为土壤带来肥料。

木油菜

Brighamia insignis

这些花朵有 5 片淡黄色的花瓣，与蔚蓝的天空以及数百英尺以下湛蓝的大海形成了鲜明对比。正在开花的这种植物叫木油菜，经过进化，它们已适应了在火山悬崖上的生活：它们的根系水平生长，肥厚的棕色茎秆内储有水分，在干旱时为植株供水。

此处距离悬崖底部还很远，在悬崖底部，海浪拍打岩石的声音因距离太远而显得模糊。在风中滑翔的白翅飞鸟看起来只是小小的一点。但这是什么？在遥远的下方，有一个男人的身影。悬崖陡峭，布满碎石，而他身上没有绳索。那是史蒂夫・珀尔曼（Steve Perlman）。20 世纪 70 年代中期，他在夏威夷群岛的莫洛凯岛上发现了一个木油菜群落，约有 200 株。这是一个激动人心的发现，因为这种植物一度被认为已经灭绝。然而，当他一次次回到这片木油菜地时，却发现它们的数量越来越少。他认为原因在于一种为木油菜传粉的天蛾几近灭绝，因此，他每年都乘独木舟回到这里，攀上悬崖，用笔刷为木油菜花授粉。登上崖顶后，他将登山绳索固定在粗壮的大树上，将自己吊在悬崖之上。在距离海面数百英尺的高处，他从一株植物荡到另一株植物，仔细将花粉刷到花药上，几周之后再回来采收种子。

尽管他付出了如此英勇的努力，但木油菜的数量还是持续下降，到 2014 年，野外只剩下最后一株木油菜。天蛾的消失并不是木油菜减少的唯一原因。入侵物种山羊不仅采食木油菜，还会将木油菜连根拔起或折断它们的根茎，引发山体滑坡。它们被入侵植物取而代之，另外，它们也非常容易受气候变化的影响。最后一个木油菜群落位于临近的考艾岛东南侧，在 1992 年被飓风“伊尼基”一扫而空。

夏威夷群岛大约有 1200 种植物，其中超过一半面临灭绝的威胁。夏威夷是全世界灭绝记录最触目惊心的地点之一；整个群岛上有超过 100 种植物已经灭绝。为此，人们实施了一项收集珍稀植物的种子、以防进一步损失的计划。史蒂夫・珀尔曼已经目睹了 20 个不同物种的灭绝，其中大多数集中发生在过去 20 年。

领狐猴

Varecia variegata

它伏低身体，下巴靠在树枝上，圆溜溜的黄眼睛穿过树叶向外凝望。这只领狐猴站了起来。它的胳膊比腿短，所以在用四肢走路时，头部低于臀部，而连接臀部的尾巴优雅地摇晃着。它的手看起来很眼熟：5 根手指、与另外 4 指相对的拇指、指甲和长有纹路的手掌，甚至还有深深的生命线。就连它的脚也让我们想起自己的脚。它披着厚厚的皮毛外套，手腕和脚踝处的“袖口”收紧。脖颈处是与伊丽莎白一世女王同款的拉夫领。它顺着树枝奔跑，头朝下倒挂在树上，然后扭动身体，伸出一只手，顽皮地荡到另一个树枝上，它的手和脚一样灵敏。丛林的树顶就是它的天下。

不同种类的狐猴占据着树木不同高度的位置。领狐猴以果实为食，种子经过它们的身体落到地面，发芽长大，继续为领狐猴的后代提供它们喜爱的食物。领狐猴的力气足够大，可以掰开旅人蕉的花朵，在取食花蜜的同时也将花粉蹭到颈部的鬃毛上。这让它们成了全世界体形最大的传粉者。这种动物和这种植物都是马达加斯加本土特有的物种。

在岛上所剩无几的丛林里，狐猴们迎着黎明齐声歌唱。其中一个物种——大狐猴聚在一起高歌，发出震撼人心的哀号。年长一些的成员唱得很合拍。领狐猴的叫声丰富多样，有的响亮，有的粗哑，有的刺耳。

领狐猴生活在母系社会。雌领狐猴分娩前会在树洞中筑巢。领狐猴根据觅食的便利程度以及与其他狐猴母亲巢穴的距离来选择筑巢地，它们是已知的唯一采取这种做法的灵长类动物。因为在相对孤立的巢穴中，幼崽存活率较低。几周之后，领狐猴会带着幼崽搬到另一棵树上，并在觅食过程中再转移到其他巢穴。它从一棵树搬到另一棵树，搬迁次数可能多达 40 次，移动范围很大。这就是为什么伐木对领狐猴构成如此严重的威胁。数十年来，为满足对家具的需求，人类一直在马达加斯加丛林中掠夺木材资源，尤其是红木。而在树木被当作木材砍伐运出森林时，伐木工人也猎杀狐猴作为食物。即使在国家公园内，非法砍伐活动也时有发生。据估计，在所有遭受非法贸易的物种中，贸易量最大的就是红木。

采矿活动也是一大威胁。在某一地区，为开采蓝宝石而清理出的林中空地面积增加了 3 倍以上。倘若我们不购买宝石，马达加斯加人就不会为了寻找宝石而将树木连根拔起。

与伐木工人一样，矿工也猎杀狐猴来改善自己的伙食。阿劳特拉湖驯狐猴生活在阿劳特拉湖的芦苇丛中，是唯一栖息在湿地的灵长类动物，它们作为食物被猎杀，作为宠物被买卖，被猎犬和烈火驱赶到猎人身边。它们的栖息地被改造成稻田，同样对它们的生存构成了威胁。自从人类来到马达加斯加，已有 17 种狐猴灭绝。

传说，曾经有一对大狐猴兄弟。其中一个离开狐猴群变成了人，成了农夫；另一个依然留在丛林里做狐猴。据说，狐猴们每天清晨歌唱，就是为了哀悼那位走上人类道路的兄弟。

日子一天天过去，大火烧毁丛林，烟雾升腾而起。从空中俯瞰，林火形成锯齿状边缘，就像从书本里撕下的纸页，是生与死的分界线。没有了植物和树木的根系，土壤就会被水冲走。被烧焦的森林残余支离破碎，一堆堆焦炭延绵不绝，一眼望不到头，它们都在诉说同一个故事。唯有在最远处，依稀还能看到一两棵树木的剪影。

马达加斯加的人口正在迅速增长。这是世界上最贫穷的国家之一，饱受政治动荡和腐败的折磨。随着森林不断遭到砍伐，旱灾越发频繁且严重，大量民众身受饥馑之苦。人们在砍去树木的土地上耕种，当一片土壤失去肥力之后，就去焚毁另一片森林。狐猴赖以生存的栖息地已有 90% 被销毁。狐猴的食物减少，狐猴群更加孤立，寻找配偶越来越困难。

以领狐猴为代表的部分灵长类动物只生活在马达加斯加及其附近的科摩罗群岛，现如今，它们中有 90% 都面临着灭绝的危险。当初，博物学家卡尔·林奈（Carl Linnaeus）为狐猴们起了“*lemures*”这个拉丁文学名，而这个单词在拉丁文中的意思是“魂魄、鬼魂”。

智　人

无数只手跨越数千年的时光向我们挥舞；这些手高高举起，轮廓分明，仿佛来自一群脸部笼罩在阴影里的人。这些手印大部分是女人留下的，她们将蘸满颜料的手掌按在岩石上，形成黑色、红色和赭石色的轮廓。

年代最久远的手印是由约 58000 年前的尼安德特人在西班牙的岩壁上留下的。那时的智人总数究竟是多少，我们只能猜测，但数字一定很小，或许直到公元前 10000 年才达到 400 万。

到 2021 年初，全球人口已达 78 亿，并且还在以每天 25 万的速度在增长。18 世纪，人口学家托马斯·罗伯特·马尔萨斯（Thomas Robert Malthus）提出过一种理论：受限于疾病和可以获得的食物总量，所有生物的数量总和是有限的。我们可以在一段时间内设法回避这个问题，但为此付出的代价是挤占其他物种的生存空间，让其他物种的数量不断减少，甚至将其中一些逼到灭绝的边缘。日复一日，人们越发明确地认识到：在伤害自然界时，我们不可能不伤害到自己。

如果将地球存在的历史看作 1 天，那么智人的时代只相当于 3 秒。从文明诞生至今，人类已毁灭了这个星球上 50% 的植物和 83% 的野生哺乳动物，如今，家猪和家牛的数量已远远超过野生哺乳动物。在这个星球上，家鸡的数量比所有野生鸟类数量的总和还要多，从我们消耗鸡肉的速度来看，鸡骨头很可能与塑料和核废料一起，成为定义我们这个时代的化石。

当我们毒害这个星球时，我们也在毒害自己。如今，我们的身体中含有 50 种人造化学物质，而 60 年前的人体内还没有这些。空气污染正在成为导致死亡的首要原因。我们改变了大气层和海洋的化学组成。微塑料开始出现在未出生婴儿的胎盘里。在物质财富增长的同时，生活中其他许多方面的质量却在下降。3/4 的英国儿童在室外度过的时间还没有囚犯多。

现在越来越清楚的一点是，过去我们认为某些特质只属于人类，而实际上，其中绝大多数并非人类独有。其他动物也会使用工具，传承文化，表现出利他性；它们也会合作，用复杂的语言彼此歌唱；它们会分享，会玩耍，会爱，也会哀悼。我们有义务为其他物种提供生存的空间，一旦我们接受这一点，那么这个星球就可以而且一定会恢复元气。抛弃这个星球、寻找其他栖息地不是解决问题的办法。18 世纪，我们将我们这个物种命名为“智人”（*Homo sapiens*），顾名思义是“有智慧的人”。如果我们有机会证明自己名副其实，现在就是唯一的机会。

因野生动物贸易、
狩猎或者栖息地破坏而不断减少的，
正在消失的物种

索科龙血树

Dracaena cinnabari

很久很久以前，两个男人面对彼此，剑拔弩张。他们是两兄弟——那个时候，世界本身还无比年轻，所有人都是兄弟。其中一个叫达尔萨（Darsa），另一个叫萨姆哈（Samha）。他们的动作有些许迟疑，因为这是他们第一次争吵——第一次斗殴，第一次谋杀——他们还在学习。在日影西斜之前，兄弟中的一个已经躺倒在地。他的血淤积在滚烫的沙地上，在石头上干结成褐色的血块。

后来，在鲜血渗入沙砾和石缝的地方，出现了一株浅灰色的嫩茎，而茎上只有一片叶子。嫩茎迅速长大，数月之后，柔软的茎秆便长成了几乎和象腿一样粗、一样高的灰色树干。树干呈圆柱状，树皮光滑，顶端生出茂密的尖叶。时间渐渐过去。树干分化成两根枝杈，在阳光和水汽的滋养下，每根枝杈在落叶之后又会分出两根新枝。2 月里，这棵树会绽放出淡绿色的花朵，随后结出坚硬的浆果，果实呈鲜血干燥后的颜色。鸟儿吃下这些果实，种子从它们体内排出，散落在这座岛屿多石的高原和群山之中，形成了世界上最早的树林之一。

索科龙血树的树皮被划破时会流出鲜红的汁液，因此，达尔萨和萨姆哈的后代将这种树称为“达姆阿拉卡万（dam al-akhawain）”，意思是“两兄弟的鲜血”。这种汁液有杀菌作用，可以用来治疗外伤。而它的另一个名字便是龙血树，这是索科特拉岛当地特有的物种。索科特拉岛坐落在印度洋上，距离非洲之角 200 公里，距离阿拉伯半岛 330 公里。与世隔绝的位置——直到不久之前——意味着这座岛屿是大量地方性物种的家园。尽管这里布满岩石，土地贫瘠，炎热干燥，但是在一年之中，季风2次带来持续数周的雾气和细雨，笼罩这座岛屿的高地。数百万年来，索科龙血树已经适应了当地的气候，从西部季风带来的潮气中获取水分。

在细雨垂直落下的地区，索科龙血树茂密的枝干长成伞形。长矛形的修长叶片有利于捕捉水分并将其引向树根。在多雾而少雨的地区，树枝生长的角度更加陡峭，好让树枝更加深入雾气之中。紧凑的丛生叶片或许也有利于水分的凝结。

索科龙血树被人类当作木材和燃料，还可以用来制造蜂箱。当有些龙血树不再继续生长，途经的台风便将它们连根拔起。在干旱的年份，它们的树叶和浆果被喂给牲畜，但大量食用会让牲畜生病。而被砍去太多树叶的龙血树很容易死去。在幼苗期，它们又很容易被放牧的山羊啃食。

另外，有观点认为这座岛屿正在渐渐干涸。龙血树自身的生存和种子的受精都依赖于季风，但近年来的季风有所减弱，雾气和细雨不再是一年到来2次、每次持续1个月，而是断断续续，没有规律。在地势较高的区域，比如仍能获得水分的哈杰尔山脉，以及在山羊无法到达的地区，这些树木仍在继续生长。在龙血树的浓荫下，植物和昆虫的生命更加繁荣兴盛，不过，我们对这个生态系统的全貌依然知之甚少。

达尔萨和萨姆哈之间的斗争在随后的世纪中不断重演。2015年，索科特拉岛所属的也门爆发内战，对这种因人类最初的争执而得名的树木及其所生存的非凡岛屿造成了新的威胁。

非洲灰鹦鹉

Psittacus erithacus

从肯尼亚西部到科特迪瓦东部，一群群非洲灰鹦鹉叽叽喳喳地从林冠上空飞掠而过。它们快速拍打翅膀，沿水平方向飞行，笔直的树木静止不动，更凸显出它们的速度。灰鹦鹉的尾羽是鲜艳的红色，成群飞行时宛如一场流星雨。它们为飞翔而生。飞翔既是它们的使命，也是纯粹的享受和乐趣。

它们以鸟喙为支点爬树，就像我们用冰镐攀岩。它们的前额覆盖着细小的贝壳形羽毛。羽毛边缘颜色较浅，遮住下层羽毛留下阴影，这是区分不同个体的标识。它们的身体和翅膀都是灰色，身体末端是深红色的尾巴。它们会用质询的眼神打量你，流露出幽默和聪慧的神情。非洲灰鹦鹉是社会性动物，通常一群有 100 多只，一同进食、旅行和休息。觅食时，它们会分成数量较少的小群，而且以无私帮助同伴而闻名。它们单腿站立，然后用另一个爪子抓起食物进食。它们在选择伴侣时非常谨慎，一旦配对便终生不渝。它们在高高的树上筑巢，有时甚至是在距离地面 30 米的高处。每对灰鹦鹉都需要自己的筑巢树，因此，砍伐森林对它们的侵扰相当严重。

数百年来，非洲灰鹦鹉一直广受欢迎，因为它们具备模仿人类语言的能力。维多利亚女王的鹦鹉“可可”会为她演唱《天佑女王》。不过，非洲灰鹦鹉不止会机械地学舌：它能理解超过 100 个单词的意思以及数字“零”的概念；它还会数数。经过鹦鹉的头脑和声音的过滤，我们的语言仿佛来自另一个世界的回声。

我们喜欢饲养鹦鹉作为宠物，也欣赏它们模仿我们的能力，而这正是将它们逼到灭绝边缘的原因。在加纳，由于宠物贸易和栖息地破坏，非洲灰鹦鹉几乎已经彻底消失。人们还捕杀非洲灰鹦鹉作为食物，它们的羽毛、爪子和脑袋则被用于当地巫术和传统医疗。非洲灰鹦鹉是贸易量最大的鸟类之一，每年都有不计其数的灰鹦鹉被网捕获或被胶水粘住，随后被塞进鸟笼，而其中多达 60% 的非洲灰鹦鹉会在运输途中死去。

埃塞俄比亚狼

Canis simensis

面前的景色在强烈的日光下闪闪发亮。高原一望无垠，在远处形成了一座山峰，那是一片遥远的红褐色岩石。深色的水潭随处可见。地面上覆盖着一层高至小腿的茂密植物，它们开着白色的花朵，叶片像时常笼罩这片高原的晨雾一样呈淡青色，又像岩石上的灰色地衣一样暗淡，而没有花朵的地方遍布岩石。天气很冷，疾风锐利如刀。这就是埃塞俄比亚的萨内蒂高原，平均海拔超过 3000 米。

在粗粝的灰色和白色之间，硕莲刀刃般的深色叶片拔地而起。它们高得足以被称为树木，但没有树枝，在背景光线的衬托下，看起来古怪又端庄。与坐在其中一株硕莲下的狼一样，这种植物的未来充满了未知。

气候变化在山区更加严重。在条件允许的情况下，大部分植物和动物会在气温升高时向两极迁移，但是硕莲却被困在这片高原上。面对气候变化，它唯一的办法是向山地更高处移动，其立足之地也因此越来越小。

那只狼耐心地坐着。它敏捷而有活力的头部，长有一双明亮的眼睛和一对尖耳朵，显得非常聪明，喉部和胸口处有 3 道白色条纹。从侧面看，它的四肢很长，身形优雅，毛色和狐狸一样是铁锈色，尾巴像毛笔一样漂亮。它主要捕食大东非鼹鼠，如果抓不到，那还有体形更小但数量众多的草原鼠。

大东非鼹鼠与它的祖先一样，终其一生都在探索躲避狼的策略。它虽然后脑勺上没有长眼睛，但凸出的双眼已经移到了头顶，以便它从洞穴中向外张望时，尽可能不暴露自己。它每次来到地表之上都是行色匆匆，只停留 20 分钟左右；一旦吃光洞穴周围的植物，就躲进洞里，将洞口封住。这些策略想必颇有成效，因为在这片高原上，每公顷土地据估计有 20 – 48 只鼹鼠。

现在，那只狼环顾四周。它聚精会神地盯着发出刮擦声的方向，静静等待。它慢慢站起身来，蹑手蹑脚地朝传来声音的方向走去。为了更好地隐蔽自己，它伏低身体，屈腿向前，似乎准备随时猛扑出去。它等待着。低头看了看。它将脑袋歪向一边，然后歪向另一边。它蜷起身子，弓起脊背，四肢离地弹跳到空中，然后俯冲下去，鼻子朝前，用口鼻部向下瞄准，当四肢重新落地时，口鼻已探进洞穴。几秒钟后，它钻出洞穴，嘴里叼着一只鼹鼠。

它在岩石之间穿行，从一块石头跳到另一块石头，回到自己的巢穴。它将在那里喂养 4 个月前出生的幼崽。正在玩耍的幼崽一看到它，便蹦蹦跳跳地跑过来，细声尖叫，彼此推搡着争抢食物。再过 2 个月，它们就要开始独立生活。在这段时间里，整个家族都会照顾它们。成年埃塞俄比亚狼独自狩猎，但它们会一起巡视它们的领地。

埃塞俄比亚狼是最濒危的犬科动物之一。尽管它们也遭到人类的迫害，但其所面临的主要威胁是患有狂犬病和犬瘟热的狗，以及猎物栖息地的不断减少。

贝尔山国家公园成立于 1969 年，占据萨内蒂高原的一部分，但埃塞俄比亚的人口正在迅速增长，开始侵占国家公园的土地。在短短 10 年间，已有大片地区被开垦，用来种植单一植物——大麦，让鼹鼠能够挖洞的地形荡然无存。

眼下，埃塞俄比亚狼保护计划与政府一同做了大量工作，让狗和狼都接种狂犬疫苗。面对日益汹涌的人流，如果我们不想让野生动物消失，那就有必要巩固国家公园的边界。这个故事不仅涉及埃塞俄比亚狼的命运；贝尔山还是罕见的黑鬃狮的家园，同时也是许多其他地方所没有的动物的家园，比如贝尔山绿猴、贝尔山鼩鼱和埃塞俄比亚短头蛙。

阿穆尔隼

Falco amurensis

黑龙江（阿穆尔河）构成了中国与俄罗斯之间长达数百公里的国境线。这条河从一片辽阔的森林中穿过，这种体形同鸽子相差无几的美丽隼类也因这条河而得名。每年五六月期间，它们都在这一带筑巢繁殖。

雄性阿穆尔隼橙色的脚爪和腿与其鸟喙和眼眶上的橘色遥相呼应。从下向上看，颜色较深的羽毛衬托着白色的羽毛，好似孩子手里画着鸟儿图案的风筝。它翅翼上部和背部的羽毛是柔和的灰色，胸口呈浅白色，夹杂着少量浅黄褐色。当它的伴侣张开双翅时，可以看到上面白色的花纹组成一道道不断重复的弧线，延伸至翅膀末端和尾部。它浅色的胸口分布着颜色柔和且模糊的小块花纹，好似一群朝其头部飞去的小鸟，而腿部细软的羽毛呈杏色。

阿穆尔隼将其他猛禽、乌鸦和喜鹊遗弃的巢穴作为自己的鸟巢。雌鸟负责为卵保温，雄鸟负责外出捕捉昆虫、小型哺乳动物和两栖动物。当夏天临近尾声时，阿穆尔隼便要开始长达 11000 公里的迁徙之旅，前往南非过冬。

阿穆尔隼的独特之处在于，它们跨海迁徙的距离是所有猛禽中最长的，一年中的累计里程可达 22000 公里。有观点认为，它们在飞越大洋时以黄蜻为食，而黄蜻又是所有昆虫中迁徙路程最长的一种，且迁徙路线恰好与阿穆尔隼重合。要想找到温暖的南方以及如云团般蜂拥成群的非洲昆虫，阿穆尔隼就必须离开繁殖地，穿过中国、印度和印度洋——它们最初是如何发现这一点的，还是未解之谜。

这一路上，当迁徙的阿穆尔隼飞过缅甸与印度北部的交界处时，它们会进入那加人的领地。不久前，那加人还保持着猎捕野生动物的传统。他们对大自然有着深厚的感情，但渐渐的，他们的态度发生了变化。狩猎从填饱肚子的必要之举变成了商业行为。近年来，用植物和动物身体部位做药材的需求急剧增长，如今，穿山甲在那加人的森林中几乎已经绝迹。

多阳河水库在 2000 年建设完工，现在，水库将会飞的白蚁吸引到这里，而白蚁是阿穆尔隼的食物。它们又恰好在这些昆虫大量出现的时节赶到这里，并在附近的树上栖息。水面之上，数千只阿穆尔隼挤在一起，俯冲，盘旋，向成群白蚁发起猛攻，振翅声和鸟鸣声如利刃般划破天空。

起初，那加人用猎枪射杀阿穆尔隼，但他们很快意识到，用渔网效率更高，每天能捕捉足足 12000 只。被折断翅膀或者翅膀脱臼的阿穆尔隼被装进麻袋带回村里，而更常见的情况是，它们被连成一串拴在长棍上随风飘荡，被剥皮，被串起来烧烤或烟熏。

2012 年，一支由那加人记者巴诺·哈拉鲁（Bano Haralu）率领的环保团队听说了这里正在发生的一切。她的报道震惊了动物保护界。在村中长者的支持下，加之对狩猎活动处以罚款，到了第二年，多阳河水库附近没有一只阿穆尔隼遭到猎杀。

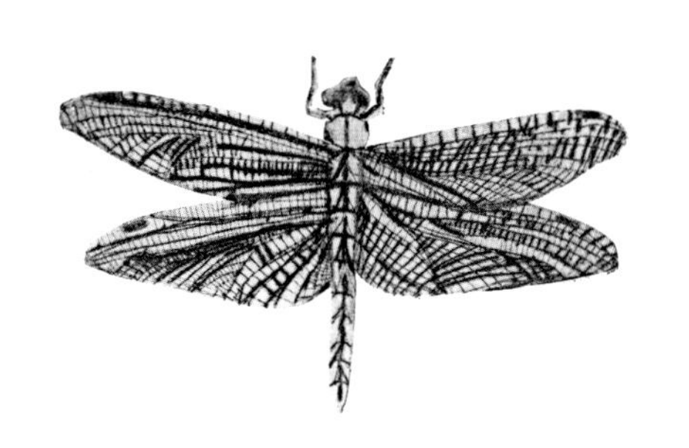

那加兰邦是印度最穷困、最落后的地区之一，失业率在印度各邦中排名靠前。狩猎——尤其是捕捉从天而降的阿穆尔隼——曾经对那加人的经济做出了巨大贡献。然而，经过短短一年，他们就成了坚定的环保主义者。到2020年，许多那加人村庄都建立了保护区，村民们自愿让出土地供公共项目使用。但是在地中海一带，每年被网捕获或被射杀的候鸟依然不计其数。

犁头龟

Astrochelys yniphora

犁头龟◆的悲剧在于，它极度稀有，又极度美丽。它的腹甲上有一块突起，既可以保护喉部，也可以用来掀翻同类。比起让这种龟类得名的犁头，这块突起的龟甲更像是古罗马战舰的船头。它没有睫毛的眼睛平静温和，却充满好奇。布满皱纹的脖颈和鳞片状的皮肤让它看起来十分苍老。高拱的圆顶状龟壳由一块块抽象的几何形龟板组成，深胡桃色与象牙黄色交错的龟板上镌刻着生长纹：龟背顶部的花纹是不规则的六边形，侧面是不规则的五边形，龟壳下缘一圈的花纹则是三角形，好像短裙的流苏或者装饰用的彩旗带。

犁头龟需要 15 年才能达到性成熟，其寿命可达 100 年。数百万年来，它在马达加斯加西北部人迹罕至的干燥森林里过着宁静的生活，以灌木、青草、干枯的竹叶及其天敌假面野猪的粪便为食。不久之前，它所面临的威胁主要是偷吃龟卵和幼龟的假面野猪、猛禽、占据其栖息地的农民以及森林火灾。而现在，让它陷入危机的是一项更加难以控制的因素：非法宠物贸易。宠物爱好者和收藏家觊觎它美丽的龟壳。一种龟类越是罕见，就越令人垂涎，形成了毁灭性的恶性循环。

与世无争的犁头龟遭到了攻击。幼龟被裹在保鲜膜里，打包进行李箱，走私到世界各地。幼龟性情温和、行动缓慢，小巧得可以捧在手掌上，是很容易得手的猎物。在我写下这些文字时，野外仅剩下 50 只犁头龟。在位于马达加斯加西北部的安卡拉凡兹卡，达雷尔繁育中心正在开展一项人工繁育计划，但该机构不得不架设倒刺铁丝网，让配备武器的警卫层层把守。而放归野外的犁头龟又被人偷走。这座繁育站担忧的是，如果国家公园里没有了犁头龟，这里就会放开采矿活动。一旦这种情况发生，人们将彻底失去为这种龟类提供安全栖息地的机会。

犁头龟非常美丽，但它们为此付出了多么沉重的代价啊。这种无害的生物迈着覆有鳞片的短腿，笨拙地走向灭绝。这种龟类的生存只剩下 10 – 15 年的光景。

◆ 又名马达加斯加陆龟、安哥洛卡象龟。

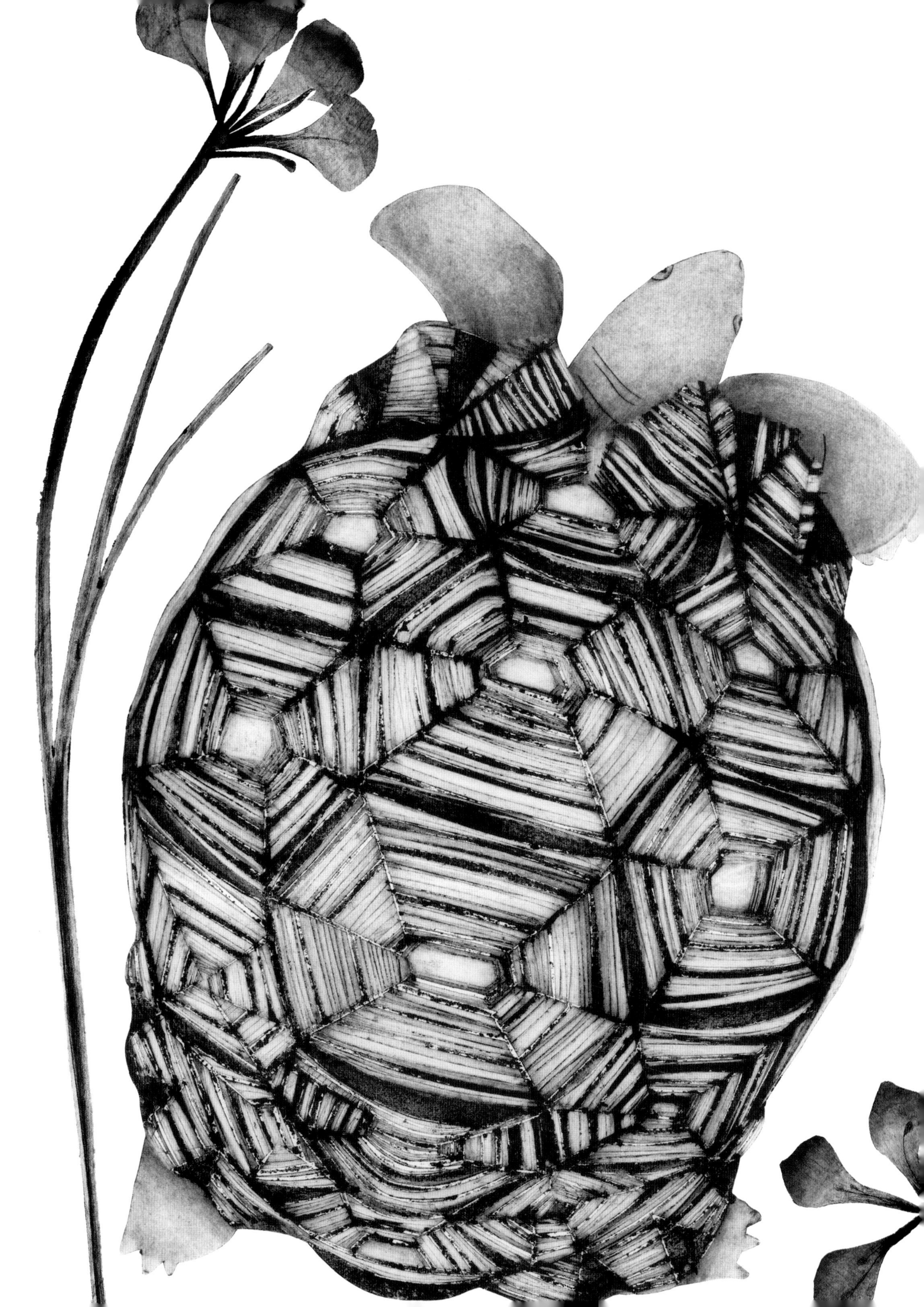

关岛翠鸟

Todiramphus cinnamominus

翠鸟，这是一个气度非凡的名字◆，而不是一只笼中之鸟。翠鸟，它蓝色的身影以快得看不清的速度掠过我们的脑海，迅疾地掠过树叶、树木和波光粼粼的水面。

那才是我们记忆中的翠鸟，而不是我们面前的这一只。眼前这只翠鸟流露出恐惧的神情，胸膛急促地起伏着。它紧紧抓住一根破旧的栖木，栖木架在铁丝网围墙之间。它的身体前部呈微微发红的杏色，眼睛上方的羽毛也是同样的颜色；相对于体形而言，它有一双硕大的眼睛，眼睛与有力的鸟喙和眼睛后方的黑色粗条纹构成了一条直线。它的翅膀是近乎海洋的蓝色。它的喙很粗，几乎和尾羽一样长。

它就是关岛翠鸟，全世界最稀有的鸟类之一。在我写下这些文字时，这种鸟只剩下不到 150 只，且在野外已经灭绝。曾经，在位于西太平洋的关岛，它们生活在水边，也生活在森林、红树林和椰子林里。

人们正在保护这种翠鸟免受棕树蛇的攻击。在半个多世纪之前，棕树蛇通过货船或军用运输工具跋涉数千公里来到关岛，在那之后便在岛上大肆繁殖。这种蛇在关岛没有天敌，上岛之后，它们已将好几种鸟类一扫而光，导致 3 种鸟类在全球范围内灭绝。

1986 年，人类对最后一批关岛翠鸟采取了保护性人工饲养，将它们分别送至北美的多家机构。研究人员和饲养员付出许多心血来精心照料，不惜付出沉重的代价，只为尽量增加这种鸟的数量。但在人工饲养环境中，雄鸟和雌鸟并非总能找到合适的对象。我们寄希望于将它们放归附近的岛屿，让它们在没有天敌的森林中生存。

在野外，关岛翠鸟在树洞里筑巢，用鸟喙啄出朽烂的木头。翠鸟不像啄木鸟那样抓住树皮、利用杠杆原理凿洞，而是依靠一双翅膀，在没有支点的情况下悬在空中。这些巢穴相对来说比较安全，直到棕树蛇来到此地。更糟糕的是，关岛翠鸟遭遇危险时的战略是原地不动。

尽管除蛇项目花费了数百万美元，但是据估计，关岛上每平方英里内还有约 200 万条棕树蛇。这些蛇让森林中的鸟鸣渐渐沉寂，相应地，昆虫的数量大幅增加。有观点认为，关岛上的蜘蛛数量比附近没有棕树蛇的岛屿多出了 40%。

关岛上的大部分树木都适应于依靠鸟类传播种子的做法，现在，两个常见树种的幼苗已经减少了 92%。岛上森林的树冠正变得日益稀疏。

关岛翠鸟保护计划耗资数亿美元，令人印象深刻，但它并不能修复业已造成的损害。

我们可以从关岛秧鸡的故事中看到一线希望：这是关岛当地特有的一种鸟类，被人类从灭绝的边缘挽救回来，如今已成功重新引入野外。

◆ 翠鸟的英文“kingfisher”字面意思是“捕鱼王者”。

爪哇犀

Rhinoceros sondaicus

光线泛出一丝绿意，也许是因为树冠的绿叶，又或许是因为它经过了时间的洗礼。光线有些模糊，仿佛镜头上凝结了水汽。画面中央有些东西。一部分画面移动起来，你突然意识到，那是一大一小两头犀牛，一头幼崽和它的母亲。现在你可以看清，它们站在齐肋深的灰绿色的泥坑里，站在缠在一起的灰绿色树枝和锋利的叶片之下，炽热而明烈的阳光穿过树冠洒在水面上，反射出粼粼的波光。犀牛幼崽在泥水中打转，不时用脖子摩擦母亲的臀部。

犀牛母亲静静站在那里，只有短尾巴偶尔在水面上甩来甩去。它看起来很满足。站在泥水里很凉快，可以让它平静下来。这是它消磨时间的主要方式。它的上唇像鸟喙一样下垂，头骨修长，脖颈周围的皮肤有两层厚厚的褶皱，这些特征让它看起来和恐龙有几分相似。它抬起头去够树枝吃——无花果是它最喜欢的食物之一。它粗粝的皮肤仿佛分为若干块披在身上，好像某种奇怪的组合铠甲。它的头顶上装饰着一对长有须毛的椭圆形耳朵，清晰地向它传送周围的声音。幼崽的耳朵没有母亲那么尖，让人想起 E. H. 谢泼德（E.H. Shepard）笔下绘制的“小猪”的耳朵。它小小的黑眼睛从脸颊两侧的圆形褶皱中向外张望。它的视力很差，不过同所有犀牛一样，它的嗅觉相当敏锐。

犀牛母亲和幼崽待在一起的时间长达两年。雄犀牛用吹口哨的方式来吸引雌性，最强壮的雄性发出的口哨声最为响亮。爪哇犀严重濒危，人类甚至因为担心打扰它们而几乎没怎么研究过这种动物，但有观点认为，它们在野外可以生存 40 年之久。雄犀牛有一根长 25 厘米的角，比它的非洲近亲短，它用犀角来掘草、挖泥坑。

它很害羞——没有强烈的领地意识，没有高度的社会性，也没有非洲的黑犀牛那么好斗。

曾几何时，爪哇犀的分布范围从东印度一直蔓延到缅甸、老挝、泰国、越南、马来半岛以及苏门答腊。随着亚洲人口的增长，爪哇犀的栖息地被人类占领，用来种植油棕树。现在，爪哇犀 3 大亚种中的 2 种已不复存在。

生活在越南的最后一头爪哇犀被偷猎者射杀，它小小的犀角被偷猎者砍去。事后的调查表明，它是在几周后才因伤势过重而死去的。在对犀角的需求的驱动下，偷猎活动是致使爪哇犀濒临灭绝的最重要因素。

现在活着的爪哇犀只剩下 75 头，它们全都生活在爪哇乌戎库隆国家公园的一片面积有限的土地上。它们是仅次于北部白犀牛的全世界最珍稀的大型哺乳动物。得益于护林员的不懈努力，过去 20 年间没有一头爪哇犀因偷猎而死去。不过，它们所生活的国家公园很容易受到海啸和喀拉喀托群岛火山的侵害，而它们本身又很容易患上家养动物所携带的疾病。如果没有更多的保护地，爪哇犀也难免像国家公园曾经的居民爪哇虎一样走向灭绝。

从 1900 年至今，世界范围内所有品种的犀牛数量都在急剧下降，而如今活着的犀牛几乎全部生活在公园和保护区里。犀角被用于制作首饰和药材，这些需求甚至让犀角的价格超过了黄金，磨碎的犀角甚至还被当作解酒药。然而犀角由角蛋白构成，与我们的指甲成分并无不同。

最后两头北部白犀牛是一对母女，它们将在武装人员 24 小时的全天守护下度过余生。

野 蜂

在散发着香气、光线昏暗的蜂巢深处，蜂后正在挑选产卵的巢室。这里并非漆黑一片：在好几年前的4月，一只啄木鸟在蜂巢南边凿了一个洞，让光线渗透了进来。蜂后蹑手蹑脚地在巢室间行走，金灿灿的蜂房里悬挂着填满蜂蜜的蜂室。虽然听不见，但是它能感知到空气的振动，那是数千对小巧的翅膀以每秒250下的频率拍打发出的嗡嗡声——数百只野蜂觅食归来，聚集在蜂巢入口处，其他野蜂则在蜂巢里面扇动翅膀，让采来的花蜜里的水分尽快蒸发。

蜂后俯身查看一个六边形的巢室，并用触角摩擦巢室的侧面。早在数百万年前，蜂类就发现六边形最能有效利用空间。它转过身，将腹部末端伸进巢室，产下一枚与生米粒差不多大小的半透明的卵。蜜蜂的蜂后能够决定卵中幼虫的性别，且一天可以产下多达2000枚的卵。

蜂类通过视觉来沟通和学习。近期的一项实验表明，熊蜂可以通过学习掌握推小球的本领，在一旁观看的同类还会改进自己的行为。归巢的工蜂用舞蹈告诉同伴，哪里可以找到鲜花。它们来回摇摆，动作越激动，说明花朵的质量越好。它们舞动的线条与太阳所形成的夹角指示出花朵的方位；线条的长度则代表距离。侦察蜂用舞蹈来描述最适合搭建新巢的位置；其他侦察蜂也会推荐各自找到的地点。在一场类似市政厅会议的、洋溢着民主氛围的集会中，侦察蜂们展开激烈竞争，用头部相互碰撞，发出吱吱的声响，争相推荐自己选择的筑巢点。最终由蜂群做出决定。

在两片田野之外的地方，一只切叶蜂正在忙碌。它是独居蜂类，不属于任何蜂巢，也不会酿蜜。淡紫色的叶片在风中摇曳。这只切叶蜂骑在叶片边缘，3只脚在叶片一边，另外3只脚在另一边。它抓紧时间用有力的颌部切开叶片，在身下划出一条流畅的弧线，切出一个与身体差不多长的椭圆。咬下最后一口时，它的双翅保持静止，然后与叶片一起自由落体。落下一段距离后，它再次拍打翅膀，将切下的叶片抱在腿间，像骑在旋转木马上一样起起落落，将叶片运到一只甲虫在树上挖出的小洞里。它把叶片卷成管状塞进树洞，并一直推到最深处，为它的幼虫造出一个茧房。之后，它将另一片叶子剪成圆形，封住管状叶茧的底部。它在里面放好花粉，在花粉里产卵，然后将茧房密封起来。如果空间足够，它可以做20个这样的茧房。它四处探寻花朵——大多是水果和蔬菜植物的花朵——在此过程中为这些植物传粉。有的切叶蜂用花瓣做茧，比如玫瑰花瓣。如果将茧房整串拉出来，你会发现它们就像暗红或粉红色的蜡笔。

全世界已知的蜂类约有20000种：其中90%是独居蜂类，熊蜂有250种，而蜜蜂只有9种。双色壁蜂在废弃的贝壳中筑巢，用树叶和草叶做伪装。蓝胸木蜂掏空荆棘的枯枝，在里面筑巢。地蜂在地下挖洞，有些品种的地蜂还会筑起小小的“塔楼”。黄褐地蜂将挖出的土堆在巢穴周围，小小的锥形好似一座座火山。它们在泥土里挖出排列整齐的隧道，划出彼此分离的单间，在其中存放花蜜和花粉。这些来自不同花朵的花粉有蓝色、黄色、橙色和红色，被搓成结实的小圆球，按一定的间距排列得整整齐齐。雌性袖黄斑蜂将毛蕊花的毛和绵羊的耳毛铺在巢里，雄性袖黄斑蜂则负责看守花朵。

独居蜂类比蜜蜂更擅长传粉，它们可以为各种植物传粉。一只壁蜂的传粉效率相当于 100 只蜜蜂。熊蜂的毛发更浓密，可以携带更多花粉，利用静电将花粉吸附在身上。它嗡嗡地振动花药，将花粉摇落下来，这让熊蜂成了最适合为蓝莓和西红柿等植物传粉的媒介。研究表明，经过合适的蜂类传粉的植物或许产量更高，果实的味道也更好。

数千年前，我们究竟是如何发现蜂群聚集在一起时不蜇人，发现蜂群可以养在蜂箱里，发现它们可以被人类利用的呢？这些发现改变了人类和蜂类之间的关系。现代农业摧毁了野蜂和其他传粉媒介的栖息地和食物来源，人们不得不调遣大批人工养殖的熊蜂和蜜蜂来为农作物授粉。每年，将人工养殖的蜜蜂运送到加利福尼亚州的杏树单一种植区都要花费数亿美元，而野蜂原本可以免费完成这项工作。这些雇来的蜂类吃掉了本地传粉者的食物。集约化养殖让它们的体质变得羸弱；过于密集的蜂巢让感染和螨虫易于传播。

欧洲不允许进口非本土熊蜂品种，然而，欧洲的蜂厂每年却要向 60 多个国家出口 200 万个熊蜂群。由人工培育的它们被运输到需要为蓝莓、茄子、西红柿和辣椒等作物传粉的地方……有些人工养殖的蜂会逃走，对包括其他蜂类和蜂鸟在内的当地传粉媒介造成干扰，使当地

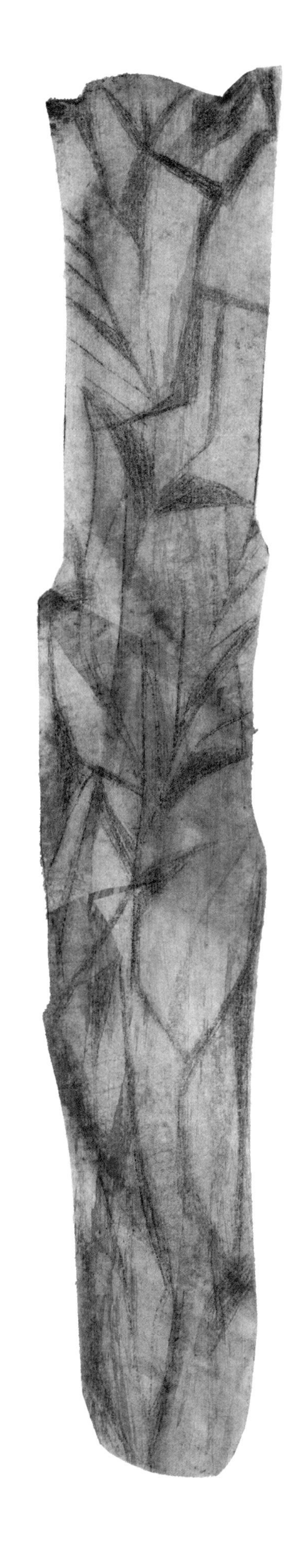

传粉媒介的数量下降。人工养殖的蜂类会与它们争夺食物和筑巢点，还会传播寄生虫。

在各种熊蜂当中，巴塔哥尼亚熊蜂是已失去大部分栖息地的品种之一。身体呈铁锈色的它是分布范围最靠南、体形最大的熊蜂，同时也是许多本土植物的重要传粉者。而其生存范围正被欧洲出口最广泛的熊蜂——欧洲熊蜂侵占。有人担心，现在拯救巴塔哥尼亚熊蜂或许为时已晚。

据估计，在世界范围内，每年约有 460 万吨杀虫剂进入自然环境中；喷洒出的杀虫剂大部分不会留在目标作物上，而是渗入附近的土壤和水体之中。在这些杀虫剂当中，有部分对昆虫的杀伤力极大，相比蕾切尔·卡森（Rachel Carson）在 1962 年创作《寂静的春天》（*Silent Spring*）的年代，如今所用的杀虫剂毒性要强许多倍。

一项对使用新烟碱类杀虫剂的油菜田进行的调查发现，相较于未使用此类药物的田地，野蜂的数量减少了一半，熊蜂产生的蜂后数量更少，独居蜂类则完全消失。用在我们食用植物上的化学物质削弱了蜂类的免疫力和生育力，对它们的记忆力和导航能力也有损害。我们一直主观认为杀虫剂是必不可少的，但一项在法国的 1000 座农场上开展的研究发现，在较少使用杀虫剂的农场当中，86% 的产量有所增加；这些农场中没有一座的产量比之前下降；78% 的农场获利与之前相同或更多。

大多数农作物靠昆虫传粉，传粉的昆虫以蜂类居多，但许多蜂类的数量在减少。由于这些昆虫的数量减少，依赖于它们的物种的数量也随之下降。在北美，以飞虫为食的鸟类的减少幅度超过其他类型的鸟类。在世界上某些昆虫种群数量大幅减少的地区，人们不得不用小刷子或者插在小棍上的香烟滤嘴亲手给果树授粉。

要想帮助蜂类，最直接的方式之一是不要在我们自己的花园里使用除草剂和杀虫剂，打造一条可以让昆虫安全通过的“走廊”。

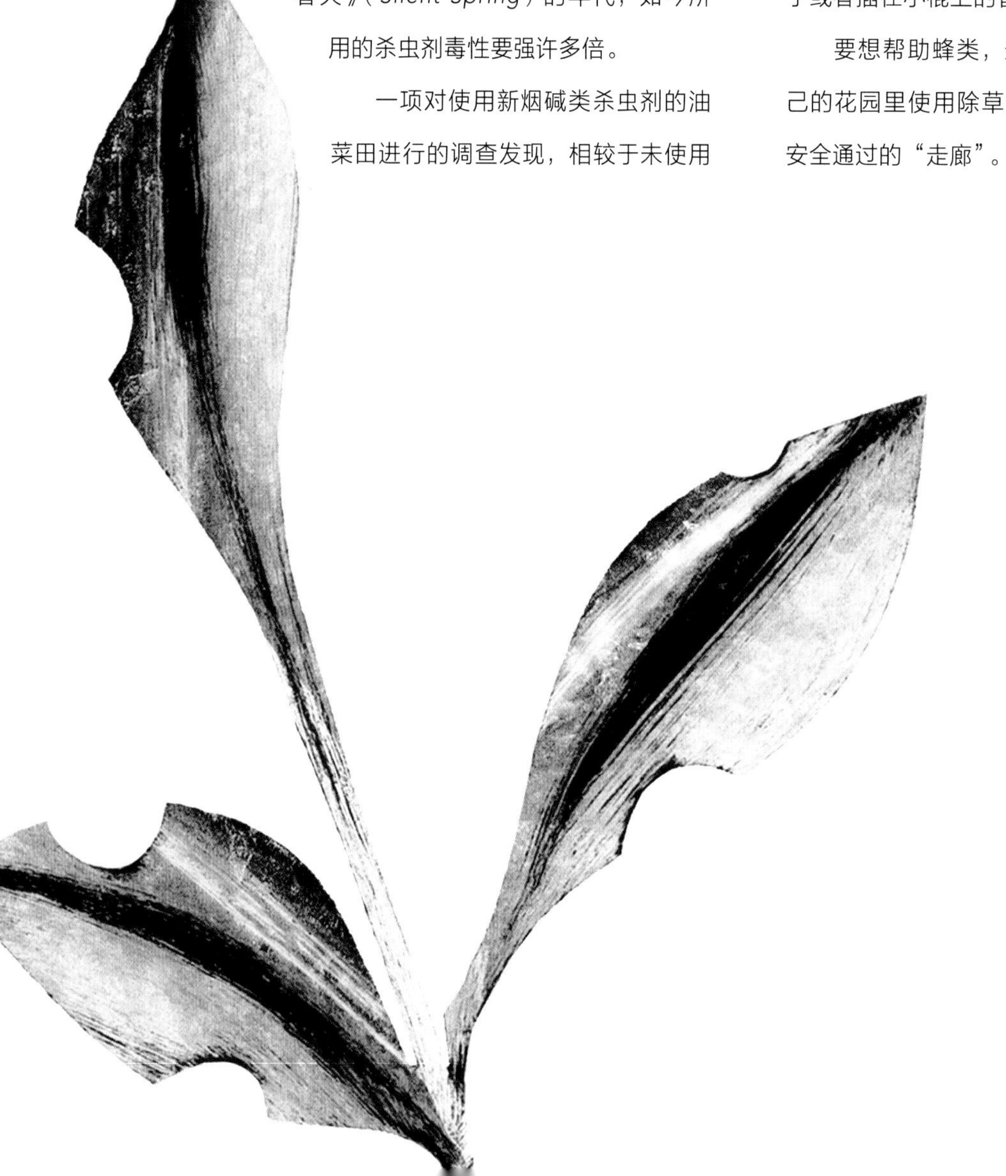

鲨 鱼

一个戴面罩的身影跪在海沙上，穿着黑色的衣服。当他呼气时，一串气泡在他脑后盘旋。他将一条鲨鱼搂在怀里。而在他身后，另一条鲨鱼缓缓游过。这个年轻人用一只手臂托着这条比他的身高还要长的鱼，另一只手轻抚它的身体侧面。这条鱼倾斜弓形的大嘴，眼睛向后转，想要看看那个男人。它轻轻扭动身体，尾巴稍稍一甩便从他手中滑脱，消失在蓝色的迷雾之中。这个男人就是已故的环保主义者罗伯・斯图尔特（Rob Stewart），他在他的电影《鲨鱼海洋：灭绝》（*Sharkwater Extinction*）中展现了鲨鱼温顺的一面。

纽约地铁人咬人的事件报道比世界各地鲨鱼咬人的报道加起来还要多。尽管如此，鲨鱼依然恶名远扬。实际上，很多鲨鱼都是非常害羞的动物，它们害怕人类。它们有理由害怕：我们正在以大约每小时 10000 条的速度屠杀鲨鱼。

鲨鱼通过探测其他生物发出的电场来感知它们的运动，甚至能感受到人类的心跳。罗伯・斯图尔特曾说，他必须让自己冷静下来、放慢心率，才能赢得鲨鱼的信任。

鲨鱼已经在这个星球上生存了 4.2 亿年，比恐龙还要早至少 1.5 亿年。当它们刚刚开始进化时，地球上只有 2 块大陆。它们是最早发育出下颌的生物之一。为了应对鲨鱼，其他水生生物进化出了伪装、成群行动、彼此沟通和快速行动等习性。

全世界有超过 500 种形态各异的鲨鱼：濒危物种鲸鲨的皮肤上布满斑点，好像优雅的水中花豹，是体形最大的鱼类。点纹斑竹鲨裹在卵鞘里的胚胎能够感知到掠

食者的存在，它会保持静止不动，以免被发现。

某些种类的鲨鱼利用光线来引诱猎物或伪装自己，例如侏儒灯笼鲨，它的体形和人类的手掌差不多大，生活在加勒比海的深处。双髻鲨的头颅前部呈硕大且弯曲的T字形，为电场感应器官提供了空间，潜游在深海的欧氏尖吻鲨长长的口鼻部也有异曲同工之妙。凭借对地球磁场的感知，双髻鲨能够沿着海底山脊游到数千公里之外。肩章鲨可以离开海水，用鳍在潮汐池之间行走觅食。

1/5 的鲨鱼种类在过去 25 年里才被人类发现——同样是在这一时间段，我们让某些鲨鱼种类的数量减少了 90%。我们对许多鲨鱼几乎一无所知。从来没有人见过格陵兰睡鲨捕食活的猎物，也从来没有人见过鲸鲨分娩的场景。

随着温度升高，鲨鱼幼鱼会过早孵化，而且更加脆弱。尽管鲨鱼体内含有对人体有毒的汞，但它是传统医药中的一味药材。据估计，每年有 8700 万条鲨鱼被人类杀死，其中大部分（甚或是全部）是为了取鱼鳍煲汤。鱼翅汤的滋味来自猪肉高汤或者鸡汤，鲨鱼鳍本身没有任何味道。

大多数鲨鱼用延绳钓法捕获，渔船后拖着长达 100 公里的钓绳，上面装有数千个鱼钩——准备鱼饵本身也要消耗鱼。这些鱼钩将鸟类、龟类和海豚（其中许多都是濒危物种）不加区分地一网打尽。这些动物被鱼钩钩住上颌，在拼命挣扎中死去，或者被撕裂嘴唇、喉咙或划伤内脏而死。海豚会被淹死，需要水流通过鳃部呼吸的鱼会窒息；其他动物则被活活拖着前进，在钓绳和鱼钩的束缚下拼命挣扎，在恐惧和痛苦中倍感绝望。

在较小的船上，人们用固定在长杆上的鱼钩钩住鲨鱼的嘴巴、身体或眼睛，将它们拖到甲板上。在鱼鳍被切掉之后，鲨鱼往往会被扔回大海，它们在海中无法再游泳，只能流尽鲜血死去，或者活活淹死。

在鲨鱼绝迹的地方，贝类收获大不如前。没有了掠食者抑制以扇贝为食的牛鼻鲼的数量，扇贝无影无踪。没有了鲨鱼，石斑鱼的数量便毫无节制地增长，石斑鱼以鹦嘴鱼为食，而鹦嘴鱼可以清除珊瑚中有害的藻类。没有了鹦嘴鱼，珊瑚就会死去。而当珊瑚死去时，整个珊瑚礁生态系统也随之死亡。

我们所需的食物和氧气绝大部分是海洋的馈赠，与此同时，海洋还能吸收大量二氧化碳。数亿年来，鲨鱼一直位于这个生态系统的顶端。

丹顶鹤

Grus japonensis

在北海道湿地，它单腿站立在阳光点染的雾霭之中，活像从江户时代浮世绘里走出的生物，每个动作都极尽优雅。它身材高挑，身高接近 1.5 米。躯干连接着形似问号的修长脖颈，脖颈连接的尖头长喙像一双筷子，在泥土、落叶堆或草丛里一开一合，搜寻食物，啄食小鱼。丹顶鹤因头顶有一块鲜红的皮肤而得名，但它的羽毛却是无比纯净的白色，唯独翅膀后沿的羽毛呈黑色。黑色的长腿从灯笼裤一般的白色羽衣中探出。丹顶鹤缓慢从容地信步前行，仔细观察水里是否有食物或危险。

雄性丹顶鹤开始求偶，它抬头向天，引吭高歌，发出 3 公里外都能听见的鸣叫。或许会有雌鸟回应它的呼唤。雄鸟绕着雌鸟走来走去，交叉双腿，侧身行进，并张开双翼，仿佛想要拥抱对方，次级飞羽像短斗篷一样翻飞，躯干上的羽毛则随着身体的运动在微风中轻轻摇曳。雄鸟围着雌鸟转圈，对它鞠躬，昂首阔步，来回跳跃，向它扇动翅膀，还时不时将身体旋转 180 度。如果雌性丹顶鹤有所回应，便也会像雄鸟一样展开翅膀，来回移动和跳跃。它们彼此鞠躬，伏低身体躲在对方张开的翅膀之下。它们的舞蹈看起来是一场实验性的嬉戏。舞步并非简单重复，而是复杂多样的表演，与滑板公园里的运动有几分相似，需要表演者反复练习。当它们跃起又落下时，重心让它们笨拙地前倾，仿佛仍在学习这种并非天生擅长的活动，这项活动并非出于本能，而是为了消遣。有观点认为，结为夫妻的丹顶鹤起舞是为了加强彼此的羁绊。而有时，整群丹顶鹤一同起舞，似乎只是为了好玩。

鹤是神话传说中的仙鸟。早在日本人之前就在北海道生活的阿伊努人将丹顶鹤称为“湿原之神”，他们崇拜丹顶鹤，但也捕猎丹顶鹤。狩猎逐渐从求生的手段变成商业行为，鹤肉被运往日本各岛。随着人口增长，丹顶鹤的数量不断下降，不仅北海道，中国、俄罗斯和蒙古皆是如此。在北海道，丹顶鹤寻找食物的蜿蜒河流被改造成笔直的混凝土水道；湿地沼泽被人类占据，改造成农业和建设用地。丹顶鹤在邻近的本州岛已经灭绝；1924 年，北海道也仅剩下 10 只丹顶鹤。1935 年，日本将丹顶鹤认定为天然纪念物，禁止再捕猎丹顶鹤。在接下来的数十年里，人类在寒冷的冬天给它们提供食物。到 1952 年，北海道有 33 只丹顶鹤，而现在已经超过 1800 只——这是现存的栖息地可以容纳的最大数量。

在亚洲大陆地区，丹顶鹤的种群数量仍在下降。大约 1500 只丹顶鹤从亚洲大陆迁徙到了朝鲜半岛以及黄海东北部一带，它们在那里可以找到栖身之所。

1953 年，虽然战争结束，但朝鲜与韩国始终没有签署和平条约。相反，朝鲜与韩国的交界处成立了非军事区，双方都拉起了有倒刺的铁丝网，架起长枪短炮瞄准对方。在这片中间地带，丹顶鹤翩然而至。它们成了某种双方共享的事物，也因此成为和平的象征。朝韩非军事区内没有人类居住，这为秃鹫、原麝和亚洲黑熊等野生动物腾出了空间。

亚洲猎豹

Acinonyx jubatus venaticus

它的身形好似一只灵缇：腰线高、胸膛宽厚、后腿强壮有力。猎豹是陆地上奔跑最快的动物。两道对称的曲线将鼻子和嘴巴衬托得格外醒目，这两道曲线一路延伸至琥珀色的杏眼，眼周极深的黑色条纹仿佛精心描画的眼影。它头部浑圆，硕大的鼻腔可以减轻头骨的重量，也让它在高速奔跑时能吸入更多的空气。

在潜行追踪猎物时，猎豹的头部从突起的肩膀之间向前伸，尽量降低身体的轮廓。它的眼睛一眨不眨，悄然靠近猎物，身姿优雅。它必须尽可能靠近猎物后再发动突袭。在追击猎物时，它只需 3 秒钟便可达到 58 英里的时速。在后腿的驱动下，猎豹的整个身体向前伸展，四脚悬空，前腿高抬，与地面平行。它的背部向上弓起，富有弹性的脊柱弯曲，让后脚跨到前脚之前，从而让整个身体如弹簧般向前，动作稳定而流畅。它的头部和眼睛始终保持水平。有观点认为，猎豹的内耳已充分进化，能在身体高速奔驰的同时保持头部稳定，从而让眼睛始终锁定猎物。猎豹在白天捕猎，以避开体形更大的掠食者，这些掠食者可能抢走它们的猎物。猎豹不会咆哮，只能发出呼噜声、短促而尖利的叫声或者叽叽喳喳的声音。

亚洲猎豹正处于灭绝的边缘。与它们在非洲稀树草原的近亲不同，亚洲猎豹适应在矮树丛生的半沙漠高地生活，那里人口较少，可以捕猎野山羊和绵羊。20 世纪初，它们的分布范围从印度一直到阿拉伯半岛西北部，可现在它们只生活在伊朗，据说数量或许不足 50 只。

传统上，亚洲猎豹可用于狩猎。传说阿克巴大帝当年豢养了上千只亚洲猎豹。它们是受猎人青睐的帮手，这或许是导致其数量减少的原因之一，因为它们在人工饲养的环境下很难繁殖。1947 年，印度境内的最后 3 只野生亚洲猎豹被人因取乐而猎杀。

另外，寻找土地放牧的农民与亚洲猎豹形成了竞争关系，这也是导致其数量下降的原因之一。偷猎行为依然存在，但有一种观点认为，大多部亚洲猎豹是被粗心的司机撞死的。

安第斯神鹫

Vultur gryphus

它的翅膀像船坞的风帆一样舒展。热气流从数千米下的山谷中升腾而起，神鹫的双翼托起它沉重的身体，使其乘风翱翔。悬崖和山谷的绿色飞速后退，这对展开的翅膀——所有鸟类中最宽大的翅膀之一——堪称力量与优雅的化身。翅膀末端的宽大羽毛展开，增加驱动力，调整飞行角度，同时向上弯曲，减少空气阻力。神鹫可以在不拍打翅膀的情况下翱翔 5 小时以上，爬升至 5500 米的高空。借助热气流，它们在一天之内可以飞行数百公里寻找腐肉。神鹫不会猎杀活物，只以尸体为食，因此有助于减少疾病的传播。

它们钩状的鸟喙专为撕扯腐肉而生。头部和颈部都没有羽毛，便于清理。松弛的皮肤垂坠在脖子上，形成不同颜色的褶皱——灰色里夹杂着粉色、红色、淡紫色和橙色。在这堆杂乱的颜色里，明亮的眼睛炯炯有神，雄鸟的虹膜呈锈黄色，雌鸟的虹膜则呈红色。雄鸟头顶长着高高竖起的鳞皮头冠，这是证明它们是恐龙遗脉的残迹。成年安第斯神鹫的脖颈基部会长出一圈厚厚的白色领毛，当它们坐下时，这圈羽毛就像斗篷一样披在身上。

神鹫是一种深情的社会性动物，终身奉行一夫一妻制。处于繁殖期的夫妻需要寻找一处避风、向阳且容易觅食的筑巢点。它们通常每隔一年产下一枚卵。夫妻俩轮流为卵保温，在卵孵化之后，它们将花费数月时间教雏鸟飞行，教它寻找热气流和食物。神鹫至少要到 6 岁才能性成熟，在野外或许可以活到 50 岁。曾经，从火地岛到南美洲北部的西部高地，都可以见到它们的身影。

西蒙与加芬克尔组合（Simon and Garfunkel）以安第斯神鹫为灵感，翻唱了最初由丹尼尔·罗夫莱斯（Daniel Robles）和胡利奥·博杜安（Julio Baudouin）在 1913 年创作的歌曲《山鹰之歌》（“El Cóndor Pasa”）。而在此之前，神鹫一直是安第斯民间传说中的形象——时至今日，它仍被视为众神与大地上的凡人之间的信使。

———

在世界范围内，鹫类是最受威胁的鸟类之一。安第斯神鹫没有天敌，但它要面对一个残酷无情的竞争者。人类的发展不断蚕食它们的栖息地。因安第斯神鹫导致的牲畜死亡占比不到 1%，然而农民却在尸体里放置毒饵

来毒害它们。即使没有下毒，积累大量杀虫剂的动物尸体也可能对神鹫产生危害。神鹫的繁殖速度缓慢，跟不上这样的节奏。

在非洲，鹫类也面临着类似的威胁。偷猎者会将它们毒死，只因害怕这些食腐鸟类暴露自己的位置。传言鹫类的大脑可以预见未来，很受赌徒的欢迎，许多鹫类因此惨遭杀害。

曾几何时，从墨西哥到不列颠哥伦比亚省都能见到加州神鹫的身影，但是到 20 世纪 80 年代初，过度捕猎、栖息地丧失以及铅弹在猎物中积累的毒素共同导致加州神鹫在野外的数量急剧下降，只剩下 22 只。圣地亚哥动物园开创的圈养技术最终拯救了这个物种。2013 年，加利福尼亚州通过了一部逐步淘汰有毒铅弹的法案，这部法案在 2019 年全面生效。同一年，有报道称加州神鹫在野外的种群数量已回升至 337 只。

在南美洲，安第斯神鹫仍在遭受毒害，数量持续下降。只有采取同加州类似的坚决行动才能挽救这个物种。如今，《山鹰之歌》被誉为秘鲁“第二国歌”，它最初为一部 1913 年的音乐剧创作。剧中，这首曲子在最后一幕伴随神鹫的出场响起，象征着自由和更美好生活的希望。

加湾鼠海豚

Phocoena sinus

加湾鼠海豚微笑着游进我们的视野，又像水上云影一般迅捷地游入忘川。科学界直到 1950 年才知晓这种动物的存在：一位在墨西哥海滩上漫步的生物学家捡到了一块白森森的头骨，之后得出结论认为，该头骨属于一种尚无记载的鼠海豚。当时没有完整的躯体可供研究，直到数年之后。

相对而言，我们对这种动物依然知之甚少。它们生性害羞，哪怕一点点声响都会引起它们的警觉。有观点认为，它们的祖先可能早在 260 万年前就越过赤道一路北上。加湾鼠海豚是全世界体形最小、最稀有的鼠海豚，其分布范围也是所有海洋哺乳动物中最小的：仅限于加利福尼亚湾最北端的区区数百平方公里。明亮的黑眼睛周围环绕着煤灰色的眼圈。形似海浪的线条从它微笑的嘴部一直延伸到鱼鳍处。即便死去，它们也保留着孩子气的温柔神情。尽管有人见到过多达 10 头的加湾鼠海豚群体，但大多数加湾鼠海豚都是独居或成对生活，有时还带着幼崽。它们在浅水区缓慢游动，寻找鱿鱼、甲壳动物和鱼类。

当你翻开这一页时，这种迷人的动物或许已经灭绝。它们的故事与另外两种鱼有着千丝万缕的关联。中国东南沿海的黄唇鱼的鱼鳔（鱼胶）非常受欢迎，因此这种鱼遭到了严重的过度捕捞。由于黄唇鱼越来越罕见，黄唇鱼鳔的价格也水涨船高，囤积居奇之人便开始囤购黄唇鱼鳔作为投资。20 世纪 20 年代，初次来到加利福尼亚湾的华人发现了黄唇鱼的近亲加利福尼亚湾石首鱼。曾有传言说，海滩上遍地都是被割去鱼鳔的石首鱼尸体。这种鱼也被称为“金钱鮸”，鮸鱼胶的售价高达每千克数万美元，昂贵的价格像磁铁一般引来了有组织的犯罪行为。尽管墨西哥政府在当地部署了士兵和警察，还派出海军船舶在海湾巡逻，但是，对加利福尼亚湾石首鱼的杀害依然没有得到应有的惩罚。

在加利福尼亚湾北部，几乎所有的渔民都用刺网捕鱼，加湾鼠海豚则作为意外收获被一同捉住。许多人甚至不承认这个物种的存在，声称所谓的保护措施只是外国人和中央政府的阴谋。加湾鼠海豚就像一场单边战争中的无辜平民，无端卷入了屠杀之中。

———

加湾鼠海豚的回声定位系统无法探测到 20 世纪 70 年代引进的透明单丝刺网，因此会被这种渔网困住淹死。据估计，在全世界范围内，每年约有 30 万只鲸类动物因此而丧命。一项 1997 年的调查得出结论称：加湾鼠海豚仅剩 567 头。2020 年 4 月 20 日，国际加湾鼠海豚复苏委员会（CIRVA）修订了这个数字：其数量在 6 – 22 头，它们是全世界最珍稀的海洋哺乳动物。

拯救它们看上去无比简单：只需在加利福尼亚湾北部的一小片区域内杜绝刺网捕鱼，同时对渔民加以补偿，让加湾鼠海豚种群有足够的时间恢复元气即可。可是到目前为止，相关规定并未得到严格执行，所给予的补偿也无法与非法捕鱼的收获相提并论。加湾鼠海豚是那么迷人可爱，那么纯洁无辜，但如果我们不再做出任何改变，大概再也看不到它们在加州湾清澈的海水中翻滚遨游。

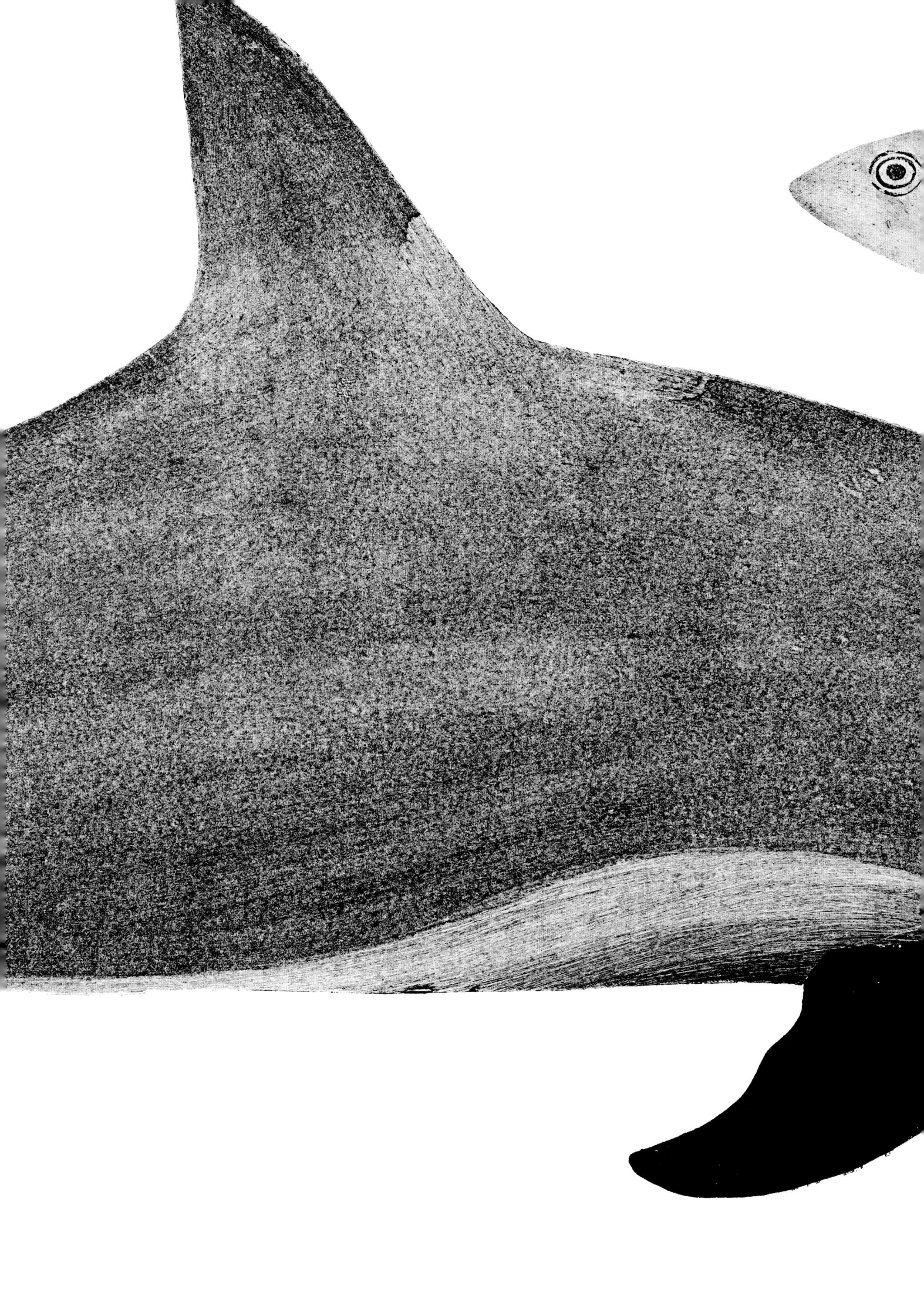

阿滕伯勒长喙针鼹鼠

Zaglossus attenboroughi

天色渐暗，但森林里并未平静下来。即使在夜晚，也有鸟鸣和风吹树叶的沙沙声。一个身影走进林中空地，看起来活像一只大刺猬。但与刺猬不同的是，它还长有向下弯曲的、像涉禽一样的圆柱形长喙。它时不时停下脚步，在地面潮湿的树叶里翻找食物。这是一只阿滕伯勒长喙针鼹鼠，是这个星球上最罕见的生物之一。我们对它的了解实在太少，因此只能假设它的生活习性与其近亲短吻针鼹近似。

针鼹共有 4 种，学界认为它们存在的时间比其他任何哺乳动物都长。阿滕伯勒长喙针鼹鼠是其中体形最小的一种。虽然是哺乳动物，但它却有产卵的习性。卵先在雌性体内发育，随后被产在一个类似有袋类动物的育婴袋里。大约 10 天之后，幼崽便孵化出来，躲在育婴袋里吃母乳；再过几周，它就会从袋里探出头来。

它有力的后脚朝向后方，能迅速挖出一个洞，将自己藏到地下——或许是为了给身体降温，或许是为了冬眠，或许是为了躲避林火。它的鼻子可以敏锐地捕捉到它的猎物——蚯蚓、白蚁和蚂蚁——散发出的电磁辐射。

这种针鼹有一整套生存法宝——防身的针刺、将自己埋在土里的能力、夜间活动的习性、取食丰富的猎物、对电磁信号的敏锐感知，在数百万年里都行之有效。阿滕伯勒长喙针鼹鼠没有天敌，直到人类来到巴布亚新几内亚，发现这种行动缓慢、性情温和的动物是一种美味。人类很难找到这种针鼹，但无论是躲藏起来还是满身针刺，它们都无法抵抗训练有素的猎犬。

现如今，这种体形最小的针鼹处于极度濒危的状态。我们甚至不确定阿滕伯勒长喙针鼹鼠是否已经灭绝。上一次有人确认发现这种动物还是在 1961 年。莱顿的自然历史博物馆保存着一件阿滕伯勒长喙针鼹鼠标本，标本铺在一张灰纸上，后脚脚踝上绑着一个红色标签，以免有人忘记它的名字。这个物种是展现进化诸多可能性的杰出典范，也是与远古的鲜活的联结。

亚洲象

Elephas maximus

在一片颜色灰暗驳杂的深色皮肤之间，澄澈的琥珀色眼睛闪闪发亮。这双眼睛形似树叶，眼周的肤色非常深，深到几乎看不见黑色的睫毛。褶皱和皱纹在眼周盘绕，之后便顺着躯干向下蔓延。

这头亚洲象的眼睛透过丛林纵横交错的枝叶向外凝望。它轻轻拍打耳朵，让流动的空气给血液降温。它转过头，摇摇摆摆地走下小径，4 条腿缓慢移动，显得十分端庄。

在它身后，是其家人们椭圆形的身影，体形大小不一，有的年少，有的年老。季风刚过，地面十分松软。它们的脚在潮湿的黏土里踩出深深的足印。水渗入足印坑中，形成微型池塘。数周之后，这些小池塘将成为蛙类的育儿所——这是它们在旱季的庇护所，没有鱼类等掠食者。大多数足印坑的周长不超过 60 厘米，深度也只有 10 厘米，但已足够造就一个生态系统。象群沿路留下的足印坑让不同种群的蛙类能够找到彼此。

这些大象在森林中扮演着重要角色：它们将种子散播到方圆数公里的范围内，消化过程有助于种子发芽。它们最喜欢的水果之一是五桠果（别名象果）。大象采食树枝，推倒森林里的树木，为其他植物腾出空间，让光线得以穿透树冠，为小树提供生长的机会。

大象族群由雌性族长领导。雌亚洲象每 4 年左右才产下一胎，一次怀孕的孕期将近 2 年。幼象紧跟在母亲身边，它要跟随母亲生活好几年；而女儿们可能终其一生都留在母亲身边，比任何其他陆地哺乳动物都要长。整个家族会一起照料小象。

大象要花费许多年来学习。与虎鲸、某些鲸鱼、类人猿和人类相似，大象的大脑中也有在社会交际、情感和直觉中发挥重要作用的纺锤体神经元。大象是高度利他的动物，甚至对包括人类在内的其他物种也十分无私。

大象可以感知到同类在 32 公里之外跺脚发出的振动。当一个象群遭到攻击时，其他象群也能感受到恐惧和痛苦。这或许可以解释亚洲象为什么拥有预知海啸的能力。为了让彼此感到安全和安心，它们会发出吱喳的叫声，用长鼻子温柔地抚摸彼此。紧密的社会关系意味着，家庭成员的惨死会给它们造成精神创伤。它们为死去的同类哀悼，用树枝和树叶盖住逝者的尸体，在尸体周围静默站立，并持续好几天。

有观点认为，大象大脑的化学组成与我们相似，因此，它们在失去至亲时也会承受和我们相似的创伤应激。它们拥抱或抚摸死者的骨头，对这些骨头表达敬意；小象宝宝用鼻子搂住死去的母亲的脖子，一连好几天都不肯离去。

为了捕捉年幼的大象，猎象人可能杀光它的母亲、姐妹和姨娘。在泰国，一只腿上拴着绳子的小象宝宝在棍棒的击打下，被人拖进一个宽度和高度都和它差不多的笼子里，造笼子的木头几乎和它的腿一样粗。年轻的男人们站在一旁围观。又有一些人加入其中，用尖头棍戳它的耳朵，猛击它敏感的长鼻子。一个人爬到笼子顶上，用一根形似冰镐的利器不停敲打它的头部，将尖端钻进小象的头骨。这就是被称为“精神摧毁”（*Phajaan*）的驯象过程，用饥饿、睡眠剥夺、干渴和疼痛——用刀和牛头刺刺激小象的敏感点——迫使年幼的动物服从人类指派的任务：让人骑在背上，进行马戏表演，或者供游客拍照。在“精神摧毁”的过程中，有相当数量的小象宝宝死于窒息或口渴，但有人相信，还有些小象是因心碎而死。在全球所有的亚洲象种群中，25% 以上生活在人工饲养的环境里；其中许多都经历过“精神摧毁”的过程。

在亚洲象中，有象牙的个体远远少于它们的非洲近亲。尽管如此，买卖亚洲象其他身体部位（包括象鼻和阴茎）的贸易也在快速增长，这些身体部位可做药材。亚洲象和它们的幼崽被剥去外皮，脂肪被制成手串。偷猎者用含有杀虫剂的毒镖射杀大象，让它们在漫长的折磨中痛苦死去。

亚洲象如今的分布范围仅剩其历史范围的 15%。它们生活的森林逐渐被人类的建筑和单一种植的椰子林、橡胶林、纸浆林和油棕林取代。所剩无几的森林也不断退化，被分割成许多独立的小片。大象族群遭到孤立。它们在水源和食物之间往来的古老小径被阻断。周围小片的森林不足以维持象群的生存，这让它们难免与农民发生冲突，而农民会杀死它们。在斯里兰卡的一个村庄，人们用歌声让大象远离村落，此举似乎颇有成效，但是其他村庄还在使用枪支、毒药、陷阱和装有炸药的南瓜——这会伤害大象的嘴巴，让它们饥饿而死。我们杀死了一部分象群、不断缩小它们的栖息地，这些做法让侥幸存活的大象承受着巨大的压力，甚至让它们的出生率降低到了种群崩溃的水平。

正是如今的大象和猛犸象在象牙上的差异提醒了法国博物学家和动物学家乔治·居维叶（Georges Cuvier），让他在 1796 年提出了“灭绝”的概念。但将这个新概念应用在 18 世纪的大象种群身上，对当年的居维叶来说一定是无稽之谈。即使对我们而言，虽然关于大象种群衰落的消息始终不断，但我们也很难接受“这种庞然大物有朝一日将不复存在”的想法，毕竟，这种动物在我们脑海中的印象实在太过深刻。然而，自 1950 年以来，亚洲象的数量已经减少了一半；自 20 世纪 30 年代至今，非洲象的数量更是减少了 95.5% 之多。它们是最后的食草巨兽。

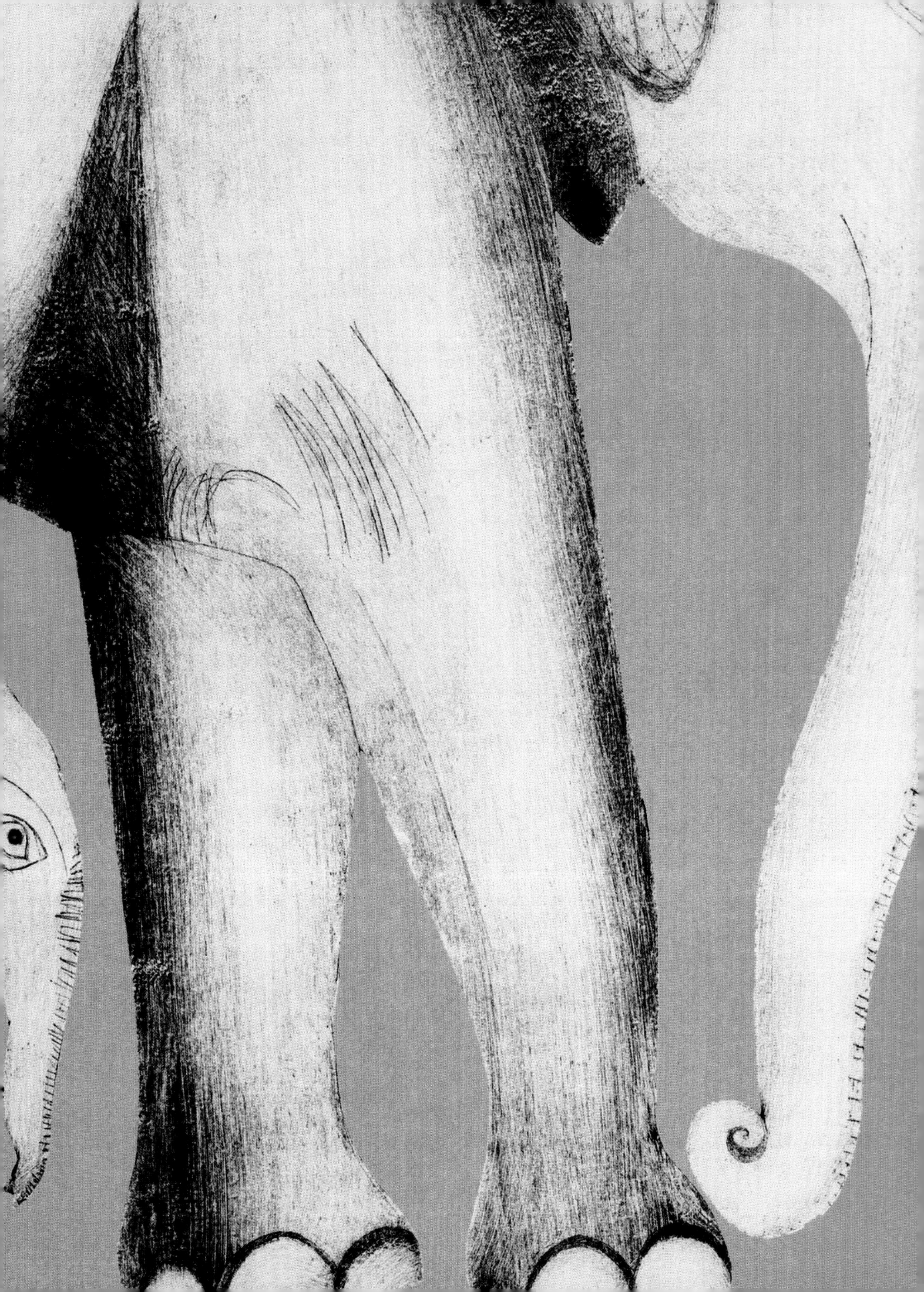

暗色地鼠蛙

Lithobates sevosus

20 世纪 30 年代，人们发现，将女性的尿液注入非洲爪蟾体内之后，如果爪蟾开始产卵，那就意味着这位女性怀有身孕。即使在化学验孕棒问世之后，这些非洲爪蟾依然被用于实验。它们被运送到世界各地，促进了疾病的传播。20 世纪 70 年代，两栖动物开始大规模死亡——直到后来人们才发现，罪魁祸首正是非洲爪蟾身上携带的蛙壶菌（*Batrachochytrium dendrobatidis*），这种真菌对于两栖动物来说就像黑死病对人类一样致命。真菌孢子侵蚀两栖动物的皮肤，大量吞噬暴露的氨基酸。病蛙的皮肤会脱落，却无法摆脱这种疾病。数周之后，它们的心脏就会停止跳动。现在，两栖动物宠物贸易是这种疾病最主要的传播媒介之一。已知至少有 695 种两栖动物是这种疾病的易感对象，其中就包括生活在美国的暗色地鼠蛙。

———

在池塘里，它可能被误认为枝头飘下的落叶或者河床上的灰色鹅卵石。它的身体背部布满不规则形状的花纹——深棕、橄榄绿和黑色；腹部则是近乎苍白的浅灰色，抽象而单调。突出的眼睛让它在搜寻猎物或掠食者时始终潜藏在水面之下。它的瞳孔又黑又大，像水潭一样深邃黑暗，瞳孔外围的粉色虹膜好似虎眼，闪动着鱼鳞般的光泽。

年初，温暖的雨水填满池塘，雄性暗色地鼠蛙在此时鼓起喉囊，向雌性发出呼唤。它们的蝌蚪呈宝石般的深绿色，并长有半透明的尾巴。到了夏天，池塘干涸，鱼类无法在其中生存，为蛙类和它们的蝌蚪创造了更多生存的机会。随着密西西比的森林面积不断缩小，这些季节性池塘的数量也在减少。有些池塘被人用来养鱼，而鱼类会吃掉蛙卵。人类种植商品林，排干池水改作农田，这些活动改变了水文条件，进一步减少了池塘的数量。另外，旱季持续的时间也在延长，从而不利于蛙类的繁殖。

白天，暗色地鼠蛙藏在树桩下或佛州地鼠龟的洞穴里，佛州地鼠龟的洞穴深约 5 米，长度可达 15 米。阴凉的洞道有利于地鼠蛙的皮肤保持湿润。有些昆虫也躲藏在这些洞穴里，有些则在洞口处停留——昆虫是地鼠蛙的

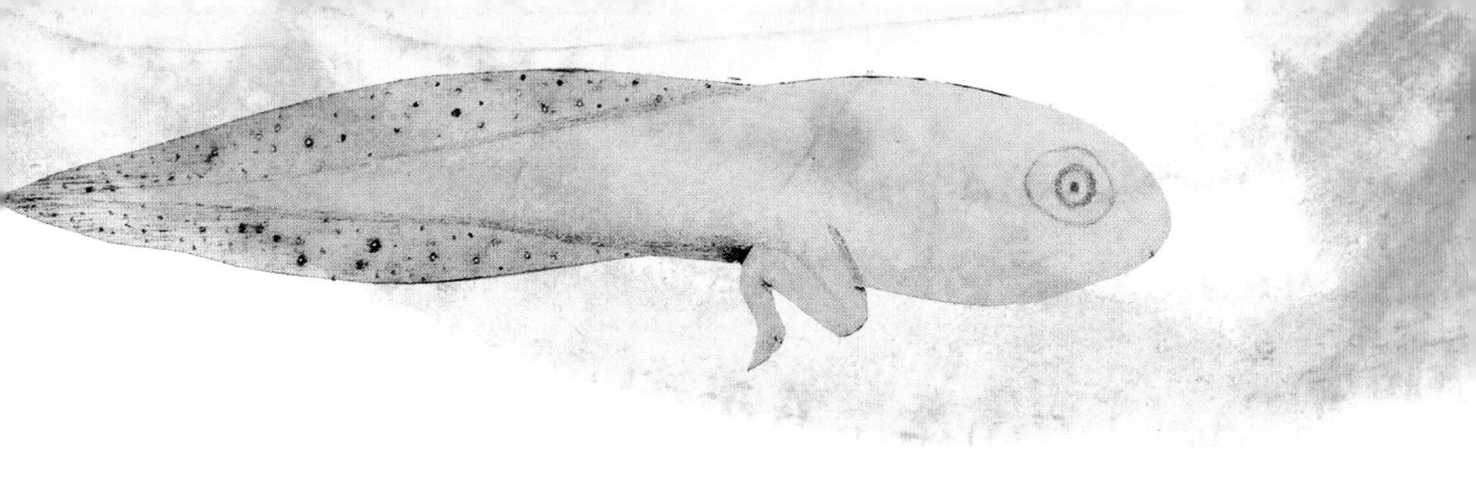

食物，它们一般在夜间出洞捕食。

狐狸、老鼠、犰狳、穴鸮、蜥蜴、负鼠、黑松蛇等超过 350 种生物都会利用地鼠龟的洞穴，尤其是在森林火灾期间。

然而，城市发展、灭火行动和商品林种植已让美国东南部的长叶松林——蛙类和龟类的栖息地——缩减至其原始面积的 4%。

到 2001 年，仅存的 100 只暗色地鼠蛙全部集中在密西西比州的一个池塘周围。人工繁育暗色地鼠蛙取得了一些进展，但是放归野外之后存活下来的数量很少。2012 年，有暗色地鼠蛙繁殖的池塘不超过 3 个。

两栖动物同时栖息在水里和陆地上，因此，它们是最能反映人与动物共享的环境健康状况的参照物之一。它们的灭绝速度比其他任何动物都快。蛙类通过皮肤呼吸和吸收水分，因此对污染非常敏感。当暗色地鼠蛙察觉到危险时，它会举起前肢，像举手一样遮住那双闪闪发亮的大眼睛。或许它还抱有一丝希望：只要它看不到掠食者，对方也就看不到它。

马来穿山甲

Manis javanica

它们的鳞片十分锋利，形状好似某些贝壳或银杏叶，中间则有一条细细的脊状线。它们的眼睛又圆又亮。层层重叠的鳞片从双眼中间向下延伸，像头盔一样护住头部。这一身鳞甲和厚厚的皮肤占了穿山甲体重的 1/3。披挂全套盔甲让它们付出了代价：正是因为这些鳞片，穿山甲即将被猎杀殆尽，濒临灭绝。

遭遇危险时，穿山甲便爬到树上、躲进洞里，或者一动不动。它们常常蜷成扁皮球似的圆团，而穿山甲的英文“pangolin”便来源于马来语“pengguling”，意思是“卷起来的家伙”。

马来穿山甲的分布范围从东印度经缅甸、泰国、越南、马来半岛、印度尼西亚到婆罗洲。全世界共有 8 种穿山甲，4 种在亚洲，4 种在非洲。在非洲，就连狮子也啃不动这个全副武装的圆球。真正要它性命的敌人是智人，面对穿山甲“石头、剪刀、布”似的把戏，人类只需将它捡起来扔进麻袋里，不费吹灰之力。

穿山甲母亲在空心的树干里筑巢。在出生后的 3 个月里，穿山甲宝宝像搭顺风车一样紧紧抱住母亲的尾巴根部，仿佛那是一根树枝。看穿山甲顺着树干爬上爬下、在树枝下沿移动，这场景给人一种诡异的印象，仿佛重力对它而言根本不存在，上树和下树同样轻松流畅。它们将尾巴当作第 5 条腿，可以脑袋朝下地爬下树来。

马来穿山甲的前腿和爪子天生适合刨开白蚁和蚂蚁的巢穴，也适合给自己挖掘栖身的洞穴。它的舌头可以伸出体外 25 厘米，用来舔食昆虫和虫卵。穿山甲没有牙齿，它们会吞下小石子来帮助消化，用胃中有力的齿状结构和小石子研磨食物。

一只穿山甲一年可以吃掉 7000 万只昆虫。它们在挖掘地洞的同时也松动了土壤，等穿山甲离去之后，它们的洞穴又为印度陆龟、食蟹獴、鼬獾和黄喉貂等其他动物提供了栖身之所。

马来穿山甲是害羞的独居动物，大多在夜间活动，就像鬼魂或幽灵一般。在某些地区，它们几乎已经灭绝。它们的栖息地被人类占据，鳞片、肉和其他身体部位供不应求。当亚洲穿山甲被赶尽杀绝之后，对非洲穿山甲的需求便有所增长。穿山甲在餐桌上被当场屠宰，好让食客知道它们货真价实。年幼的穿山甲被装进玻璃瓶泡酒，摆在餐馆和商店里招摇。穿山甲胚胎被视为煲汤的佳品。

尽管所有穿山甲都受到《濒危野生动植物种国际贸易公约》（CITES）的保护，但相关法律的执行非常不到位。被走私的穿山甲被硬塞进铁笼子里，被人类强行填喂淀粉和水调成的稀粥，或者注入液体，只为增加它们的体重，好卖出更高的价钱。穿山甲承受着巨大的生存压力，这会降低它们的免疫力，让它们极易患病或感染寄生虫。

穿山甲鳞片的主要成分是角蛋白，和指甲没有区别，然而长期以来，关于穿山甲鳞片有药用价值的说法流传甚广。2020 年，天津中医药大学循证医学中心发表的一篇论文指出：没有可靠证据证明穿山甲鳞片具有药用价值。这篇论文还提出，从官方药典中删去穿山甲鳞片是合理的做法。假设确有证据表明穿山甲鳞片可以入药，我们是否就有足够的理由让这种生物遭受痛苦、走向毁灭呢？

幽灵兰

Dendrophylax lindenii

这里温暖而阴暗。空气闻起来甜丝丝的，腐烂的植物和盛开的苍白花朵交织在一起，散发着沼泽特有的气味。这就是柏树沼泽的夜晚，位于佛罗里达州南部的柯里尔县。一只横斑林鸮在不远处啼鸣。一只猪蛙发出刺耳的呱呱声，近得吓人一跳。那叫声就像一把大齿锯缓缓划过一块薄薄的胶合板，你几乎可以分辨出每一次振动。突然传来水花飞溅的声音。随后是长时间的静默。接着，它再次呱呱叫了起来。

一阵高亢的哀鸣划破蘑菇丛中柔软的黑暗。你可以将其想象成微型的牙医钻头或者微型小提琴在 E 弦上拉出的声音。这是一只雄性蚊子振翅发出的 650 赫兹的声音。雌性蚊子的翅膀相对较大，振翅频率较低，发出的音调也较低，约在 400 赫兹。雄蚊用触须探测到了雌蚊的哼鸣——它的触须所拥有的听觉神经可与人耳相比。它降低自己振翅的音调。作为回应，雌蚊抬高了音调。它们在上演一出二重唱、一首情歌，如果它们振翅的音调足够接近——1200 赫兹左右——双方都感到满意，那么它们就会在飞行中交配。

在黑暗中的某个地方，水滴落进沼泽凝滞的水流中。猪蛙又开始鸣叫。幽灵兰绿色的花苞缓缓绽放，开花的过程超过 60 小时。这株幽灵兰生长在一棵圆滑番荔枝树的树皮表面，灰绿色的根部抽出修长的茎秆，花朵就开在长茎末端。花瓣和花萼向后折叠，舒展开苍白的“长腿”。这朵兰花看起来活像一个小人，又像一缕鬼火，花药顶端像一张戴着兜帽的小脸，唇瓣是小人的躯干，上方绽放的花瓣好像头饰。花距从花朵后方弯曲下垂。整个花朵的重量将花茎压弯成拱形，让这小小的花人与大树隔开一段距离，仿佛毫无支撑地悬浮在黑暗中。一滴雨水落在花上，苍白的小人随之起舞，轻轻地上下弹跳，双腿交缠在一起，膝盖弯曲。

这朵花的花距实在太长，因此只有少数几种特化的昆虫进化出了足够长的管状口器，能够吮吸到花距中的花蜜。过去人们认为，巨人哀天蛾是幽灵兰的传粉者，然而 2019 年拍摄到的一系列照片显示，虽然这种天蛾可以用它的管状口器盗取花蜜，但它的口器太长，足以让头和身体远离花粉。更多的照片表明，榕厚须天蛾才是幽灵兰的传粉者，至少是它的传粉者之一。

兰花的花朵会持续开放数日，受粉后就会结成一个长形种荚，种荚在干燥后释放出种子。种子同灰尘一样细小，只有在光线、温度和湿度都合适的环境中才能萌芽。它们需要角担菌属真菌的帮助，这类真菌生活在落羽杉、圆滑番荔枝树和梣树的树皮中。

幽灵兰的生存依赖于真菌。真菌为植株提供养分，作为交换，它们从兰花绿色的根茎处获得植物光合作用产生的碳。另外，幽灵兰依靠真菌来打开种子的外壳，而真菌还为种子提供其生长所需的糖分。只有 10% 的幽灵兰会开花。在这些花朵中，只有 10% 能成功受粉，而在数百万颗种子中，只有极少数能落在有角担菌属真菌繁殖的树干上。

幽灵兰的栖息地面临着持续不断的威胁。在 20 世纪五六十年代，许多有年头的柏树遭到砍伐，而这些柏树正是幽灵兰的宿主。这一地区快速增长的人口给沼泽带来了压力：沼泽经过排水处理，被改造成农田、住房和建设用地。

2017 年，负责管理受保护沼泽区的美国国家公园管理局批准了一家石油公司的申请，允许其在柯里尔县的大柏树国家保护区进行石油勘探。勘探活动对湿地和湿地中的柏树造成了很大破坏。在那之后，这家石油公司更进一步，申请获得大柏树国家保护区更大范围的钻探许可证。仅存的荒野是其他许多物种的家园，但如今荒野越来越稀少。随着森林被焚毁、烧成焦土的地面被人铺上沥青碎石，能见到真正意义上的荒野的人只会越来越少。

物以稀为贵，很多种兰花都是人类这一倾向的受害者。2009 年，人们在老挝和越南边境发现了一种过去未知的兰花：耿氏兜兰（*Paphiopedilum canhii*）。野生植物贸易如今基本已经停止，因为几乎再也没有野生植物可供采摘。

兰花的珍贵不仅在于它们美丽迷人、被视为异域风情的化身，还在于它们具有药用价值，比如能够抵抗微生物、消除炎症和肿瘤。全世界共有多达 35000 种不同的兰花，我们研究过的仅仅是其中很小的一部分，然而，在充分了解它们之前，我们正在将它们推向毁灭。

在我们生活的星球上，没有任何事物是孤立存在的。在地底，有一个我们看不见的庞大网络，兰花便是这个网络中能为我们所见的部分。整个网络极其精细、无比复杂，时至今日，我们对这个网络的全貌依然知之甚少，但我们的生存依赖于它。

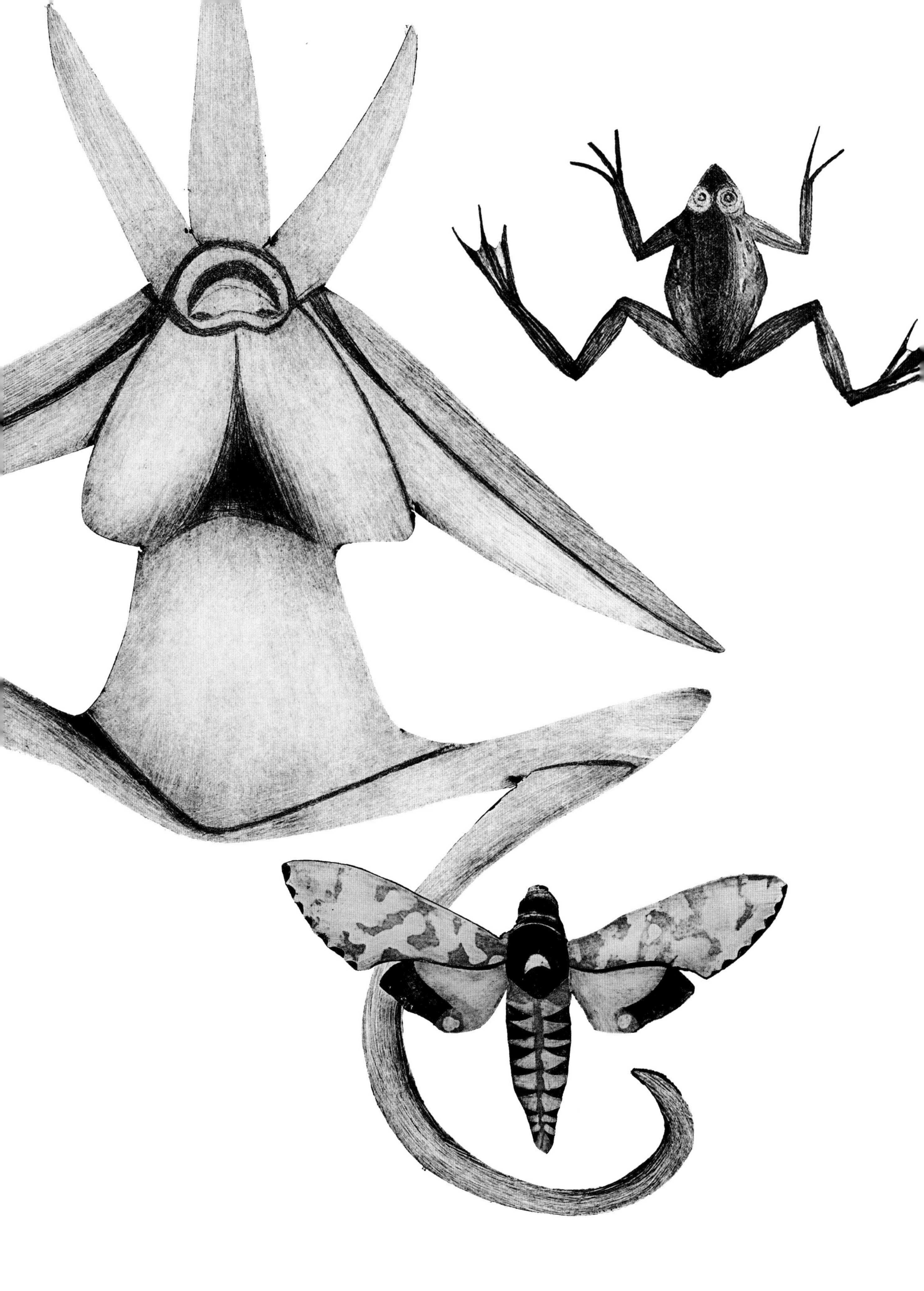

鸮鹦鹉

Strigops habroptilus

这是一种饶有趣味的生物。面部像猫头鹰，腮部长着蓬乱的须毛，腿部强壮有力，躯干和野鸡没什么不同，走起路来往往速度缓慢、小心翼翼、重心前倾，这些特点让鸮鹦鹉有一种老学究似的气质——一位身穿长袍，双手背在身后，头部前倾，在思考中踱步向前的老学究。它是一只鹦鹉，却不会飞。虽然鸮鹦鹉的数量有所增加，但过去数十年来，这种动物一直在灭绝的边缘徘徊，至今仍然如此。地球上有 78 亿人，但只有 201 只鸮鹦鹉。

最早在新西兰“殖民”的，是海风或海水带来的种子和生物。这里没有捕食鸟类的陆地动物，因此鸟类不需要飞翔。当然有些鸟确实会飞，比如鸮鹦鹉的掠食者哈斯特鹰。鸮鹦鹉长有一身美丽的羽衣，宝石绿色的羽毛间点缀着深色斑点，就像它的森林家园里蕨类植物的叶影落在苔藓上的效果。这是一身完美的伪装。遇到危险时，鸮鹦鹉会静止不动，以此希望不被发现。它失去了飞行的能力，变成了夜行性动物。

在逃跑时，或者发现配偶时，鸮鹦鹉可以用两条腿迅速奔跑，它笨拙地迈开双腿一路小跑，并打开翅膀保持平衡。它用鸟喙和生有 4 趾——2 根脚趾向前，2 根向后——的脚爪爬树，搜寻新西兰陆均松的果实。这种果实富含维生素 D，正是夜间活动的鸮鹦鹉所缺乏的营养物质。新西兰陆均松的高度可达 50 米，对于不会飞的鸟儿来说可谓参天大树。但这吓不倒鸮鹦鹉，它会一点一点地往上爬。

雌性鸮鹦鹉只在新西兰陆均松果实丰收的年份繁殖后代。雄鸟用泥土在高地上挖出一个碗形坑，用来放大求偶的鸣叫，那是一种低频的轰鸣。每天晚上，雄性鸮鹦鹉在山谷中连续 8 小时发出这样的轰鸣，会一直持续 100 天。在此期间，雄鸟还不时发出频率更高、有金属质感的铿锵之声，希望以此帮助雌鸟找到它们，沿着它们特地清理出来的小路来到自己身边。

雌性鸮鹦鹉坐在卵上孵化，但在觅食时会离开巢穴。觅食归来时，它向前弯曲鸟喙，温柔地将卵推回身下。为了给雏鸟觅食，它可能要跋涉好几公里。

14 世纪抵达新西兰的人们开始捕杀鸮鹦鹉，为了获取它们的肉和羽毛。鸮鹦鹉静止不动的战术面对现已灭绝的哈斯特鹰效果显著，但在这种全新的掠食者面前，它们就成了手到擒来的猎物。一位殖民者讲述道，当初人们可以像摇果子一样把鸮鹦鹉从树上摇下来。面对欧洲人引进的危险而嗜血的野兽，比如黄鼠狼、雪貂、白鼬、狗和野猫，鸮鹦鹉美丽的伪装无能为力。

到 20 世纪 90 年代，曾经多达数十万只的鸮鹦鹉种群只剩下约 50 只个体。新西兰政府采取了密集的措施，比如在一些岛上建立没有掠食者的保护区、安置自动喂食器、绘制鸮鹦鹉的基因图谱并开展人工繁殖，让这种动物的数量有所增长。这是一场胜利，但这种富有魅力、信任人类、毫无反抗之力的鸟类依然命悬一线，它们能否存续依然是个问题。

中华凤头燕鸥

Thalasseus bernsteini

疾风大作，在水面掀起一道道涟漪，也吹乱了鸟儿们头颈部的黑色羽毛，并让这些羽毛直直竖起。当这些鸟在空中飞翔时，前进的速度又将羽冠压扁，像面具一样从喙部向后展开。

同所有燕鸥类似，中华凤头燕鸥拥有着流线型的身躯，优雅、迅捷、灵巧。在海滩上方盘旋的鸟群中，一只鸟儿滑向一侧，让空气从翅膀下流过，好在俯冲时加快速度。它借势向上爬升，划出一条好似波浪内侧的曲线，并沿着曲线一路加速，在曲线顶端再次向下俯冲，弯成弓形的双翼划破空气。在波涛之上，海风中响彻鸟儿的啼鸣。

正值繁殖季节，两只燕鸥一前一后走在浅滩上。它们的冠羽像饰带一样飘在身后。黑色的小短腿飞快地移动，雄鸟跟在雌鸟身后。当雄鸟足够靠近雌鸟、快要碰到尾巴时，雌鸟突然停下了脚步，雄鸟也同样敏捷地停了下来。雄鸟抬起翅膀，雌鸟也抬起翅膀。接着，它们又向前走去，小腿倒腾得飞快，根本数不清它们迈了多少步。雄鸟又开始围着雌鸟打转，从其左边走过，仿佛在跳一场宫廷舞。雌鸟停下来，低下头，从沙砾中啄了几口吃食吞下肚里。

这对中华凤头燕鸥将产下一窝布满斑点的卵；父母双方将共同喂养雏鸟。我们对这种鸟知之甚少——它可能是全世界处境最危险的海鸟，或许仅剩 50 – 100 只。过度捕捞抢走了它们的食物。农业和工业废水毒杀了它们赖以生存的鱼类。工程建设摧毁了它们的栖息地。在东北亚，老鼠在中华凤头燕鸥繁殖后代的岛上泛滥成灾，与人类争相盗取燕鸥的卵。即便如今人们已经知道这种鸟的处境无比危险，然而偷猎者仍在盗取它们的鸟卵。被偷走鸟卵的亲鸟或许会尝试再产一窝卵，但这就意味着它们将在繁殖地停留更长时间，面临台风的威胁。

眼下，中华凤头燕鸥算是逃过了大海雀的命运，但只是侥幸逃脱而已。人类对大海雀的卵、肉和羽绒的渴求让这一物种注定灭绝。英国曾经有过大海雀，但唯一幸存的一只大海雀在 1840 年被人用石头砸死。1844 年，冰岛沿海的渔民杀死了世界上的最后一对大海雀，在此过程中还踩碎了最后一枚大海雀卵。

东北虎

Panthera tigris altaica

它的条纹如阴影一般，落在厚厚的暗琥珀色皮毛上；条纹与深色的树枝融为一体，白色的部分则与皑皑白雪浑然一体——它正舒舒服服地卧在雪地上。赤褐色的皮毛将丛林的火热带到了北方寒冬季节的森林中。面部和颈部的白色和琥珀色毛发中盘绕着黑色的条纹，衬托出那双无所畏惧的蜜蜡色眼睛，这种动物在夜晚的视力比人类的强 5 倍之多。粉末状的雪晶洒落在它的长须之上。这只老虎在巡视它的领地，巡视路线往往一成不变。它缓步向前，从容不迫，这只大猫是所有虎中体形最大的品种，走起路来却轻巧无声。它偏爱的猎物是野猪、熊和马鹿。在俄罗斯东部的辽阔森林中，它无拘无束地漫游着。

一只雄性东北虎需要 1300 平方公里的土地来捕猎，但是伐木和住房建设正在掠夺它们的领地，道路也让偷猎者更容易进入东北虎的活动范围。由于东北虎需要大面积的领地，因此，保护一只东北虎就意味着保育数十万公顷的森林，而森林也是其他许多物种的生存空间。

所有种类虎的数量都有所下降。9 个亚种中有 3 种已经灭绝，剩余的虎只拥有其原始分布范围的 7%。据估计，20 世纪初，各种野生虎的数量有 10 万只，如今只有不到 4000 只。圈养虎的数量是野生虎的 3 倍以上。

法律禁止杀害虎，但它们又确实在被人类猎杀，因其所谓的药用价值而遭到偷猎，或者被囚禁圈养。虎骨被研磨成药丸或泡酒，虎须被当作治疗牙疼的妙药，虎脑号称可以治疗懒惰，虎的锁骨据说能带来好运，焚烧虎毛被认为可以驱赶蜈蚣，虎牙和虎爪被制成炫耀财富的首饰，虎皮则被挂在墙上作为装饰。美国、欧洲和东南亚的养殖场饲养老虎，就是为了获取它们的身体部位，或者送它们去马戏团表演节目，供游客拍照。

———

得益于动物保护，东北虎的数量现已趋于稳定。2016 年，其数量在 500 只以上。

巨人柱

Carnegiea gigantea

这里是北美的索诺拉沙漠。黄昏时分，在半明半暗的光线中，两只像沙漠毒菊一样黄黄的大眼睛正警惕地张望着。这是姬鸮的眼睛——姬鸮是世界上最小的猫头鹰，和麻雀差不多大。一株上了年纪的巨人柱高处有个空洞，这只姬鸮正坐在洞里，让它的 3 枚白色鸟卵保持温暖。它连眼睛都不眨，静静等待着伴侣沉闷的振翅之声。雄性姬鸮正在喇叭状的白色花朵中为它捕捉飞蛾。

当月亮升起时，月光透过小小的入口悄然探进洞中。这是一只黄扑翅鴷在许多个春天以前啄出的洞。在那之后，这株仙人掌上的空洞先后为一只迁徙的蝙蝠、扑翅鴷一家、一只蜘蛛和一只鸣角鸮提供过栖身之所，随后便废弃在那里，直到这只从墨西哥归来的雄性姬鸮发现了这个小洞。雌鸟可以听到脚爪下干草破碎和小树枝折断的声音。洞外传来利爪奔跑的动静。躲在仙人掌内，它得以在炎热中保持凉爽，也感觉十分安全。

在它头顶上几英尺的地方，巨人柱仙人掌的第一朵花刚刚开始绽放。鳞茎状的花苞迎风舒展，开出一圈乳白色的花瓣，露出数百根裹着厚厚一层花粉的雄蕊。一朵花只能开放一夜。这些花朵散发出过度成熟的甜瓜的气味，白色的花瓣在月光下明艳夺目，吸引着夜晚的传粉者。飞蛾和蝙蝠都聚集在这里。当东方天色泛白时，雄性姬鸮才会回来。蜂鸟、白翅哀鸽、弯嘴嘲鸫和蜂类——包括全世界最小的蜂类之一小地蜂（*Perdita minima*）——都落在花朵上。当姬鸮睡着时，罕见的棕鸺鹠从相邻的巨人柱上起飞，前去搜寻蜥蜴。为了避开鹰的目光，它像啄木鸟一样在低空飞出波浪形的曲线，飞行高度不超过 1.5 米。

在老巨人柱的枝干上，一对棕曲嘴鹪鹩正在筑巢。一种罕见的有角象鼻虫 *Cactopinus hubbardi* 正忙着在巨人柱的表皮下挖掘通道。在仙人掌主干的更深处，一

只林鼠为自己挖好了躲避热浪的庇护所。而在这株仙人掌的脚下，西猯一家正在享用仙人果。一个月之后，这群西猯还将回来采食巨人柱的果实。而这株巨人柱是一只蝙蝠在大约 200 年前种下的；那时，这片土地还属于西班牙殖民统治下的墨西哥。同所有巨人柱一样，它长得很慢，在最初 8 年只能生长 2.5 厘米。再过 35 年，它才会孕育出第一朵花；在更加干燥的沙漠地区，巨人柱或许要等到 75 岁才能开花。一个世纪后，它才萌发出第一根侧枝，而现在，它傲然矗立在这里，高度将近 16 米。

巨人柱原产于索诺拉沙漠，是一片仙人掌森林中的一员，森林中还有大王阁、金赤龙、泰迪熊仙人掌、王帝阁、褐毛掌和梨果仙人掌等植物；但是，唯有沙漠天空下的巨人柱剪影才算得上是美国西部的象征，它高高的主干好似头颅，两边伸出的两只臂膀像是在打招呼，又像是举手投降。一只只栗翅鹰站在巨人柱高耸的四个枝头，犹如一根图腾柱。白头海雕、大雕鸮、椋鸟、雀鸟、桃脸牡丹鹦鹉、哀鸽和白翅哀鸽也在巨人柱里筑巢。短尾猫爬到巨人柱上躲避美洲狮。即便在这株仙人掌死去之后，它富含水分的果肉也会成为水生甲虫的家园。

仙人掌科植物所面临的最大威胁是，人类喜欢将它们当作家养植物。人们挖出整个仙人掌群落，将种子和植物塞进袜子和塑料袋里，贩运走私或在网上出售。白鸟仙人掌的数量已减少了 95%，最后 50 株生长在墨西哥克雷塔罗州，紧贴在高耸而多岩石的陡坡上。巨人柱很受园艺设计师的欢迎，但能在移栽后存活的巨人柱寥寥无几。农耕、牲畜放牧、虾类养殖、采石、气候变化和城市扩张都在破坏巨人柱的栖息地。

几乎 1/3 的仙人掌科植物都面临着灭绝的危险，而且其中大多数没有得到保护。巨人柱已被列入《原生植物保护法案》名录，但还是有人将它们连根拔起。许多巨人柱被推土机铲倒，好为美墨边境的高墙腾出空间。地下含水层自上一个冰川期以来一直为沙漠里的野生动植物提供水分，现在，地下水被抽干，用来搅拌混凝土，索诺拉动胸龟、珍稀的基多瓦基托沙蜥和只有胡椒粒大小的基多瓦基托泉蜗牛唯一的家园就此干涸。棕鸺鹠无法飞越美墨边境墙，为巨人柱传粉的蝙蝠迁徙的路途也被阻断。政治和经济凌驾于为保护野生动植物而制定的法律之上，这并不是唯一的例子。

长冠八哥

Leucopsar rothschildi

鸟鸣（birdsong），这个词能引起无限的遐想。而反过来，就是鸣禽（songbird）。这两个词引发的遐想在我们内心深处悸动。在凉爽清新的黎明时分，鸟儿们的合唱多么令人振奋！那是对生命的悦耳呼唤。如果我们只剩下人类的声音，那将是一个怎样的世界？

自然之声如今渐渐沉寂，取而代之的是人类发出的噪声：飞机的轰鸣、高速公路单调的嘈杂巨响、电锯愤怒的尖啸。音乐家兼声音景观生态学家伯尼·克劳斯（Bernie Krause）在超过 45 年的时间里一直在录制自然界的声音，他说，曾经只需 10 个小时就能录好的高质量自然录音，现在他需要 1000 个小时才能采集到。

鸟儿们经常落入单丝刺网的陷阱。这些丝网极难察觉，飞鸟撞进网里便无能为力。惊恐的鸟儿拼命挣扎，扭曲成怪异的姿态，翅膀上的羽毛被压碎，心脏快速跳动，鸟喙勾在网上，被自身重量扯开。据估计，在以这种方式捕捉的鸟中，多达一半无法活过人工饲养的最初 24 小时，故此得名“鲜切花鸟”。稍后，它们被装进纸袋或有盖的笼子，送到市场上卖给小摊贩。

这是印度尼西亚的情景，而在佛罗里达州也是如此，数量可观的鸣禽被囚禁在牢笼之中，其中包括靛彩鹀——这种鸟从长辈那里学会歌唱，在飞越夜空时，它靠天上的星星指引方向。

人口密集的爪哇岛是印度尼西亚对圈养鸟需求最大的地区，在当地的 1.45 亿人中，平均每 2 个人就拥有 1 只笼中鸟。有观点认为，当地笼中鸟的数量比森林里的鸟还要多。

印度尼西亚人认为，笼中鸟的陪伴对人的心理健康有重要的益处。它们深得人类的宠爱，而它们在鸟类歌唱大赛中的表现则是主人地位的体现。

———

长冠八哥的头顶上有一簇又长又细的冠羽，这簇羽毛在大部分时间里平顺地贴在脑后，在求偶时会打开成白色的扇形。打开冠羽后，雄鸟开始唱歌，它抓紧树枝上下跳跃，抬起鸟喙发出歌声。将脑袋歪向一边，期待雌鸟有所回应。如果它们成功交配，雌鸟将在树洞里产下 2 枚蓝色的卵。等雏鸟孵化出来，父母双方将一同寻找昆虫、水果和种子来喂养它们。

长冠八哥总是动个不停，从一根树枝轻巧地跳到另一根树枝上。这种鸟非常喜欢洗澡：它们将尖端黑色的双翼交叉在背后，尾羽打开成扇形，不停晃动身体，用冠羽溅起水花。眼睛和眼周亮蓝色的皮肤恰好构成一个鸟头的轮廓，仿佛是它自己的倒影。

猛禽会猎杀长冠八哥。老鼠和大壁虎以它们的卵和雏鸟为食，蜜蜂也会将它们从树洞里赶出去。但是，它们最可怕的敌人——用爱绞杀它们的敌人——是人类。偷猎给长冠八哥种群带来了灾难性的后果，对其他鸣禽也是一样。一项研究表明，每年被人类捕获的印度尼西亚鸣禽多达 180 万只。而不断增长的人口和旅游业摧毁了它们的栖息地。

长冠八哥于 2006 年在野外灭绝，之后，人们一直在人工繁育这种鸟，再将其放归野外。然而如今，长冠八哥的数量据信尚不足 100 只。这是个危险的数字，长冠八哥很可能重蹈新西兰兼嘴垂耳鸦的覆辙。关于这种鸣禽温柔的啁啾声，我们只剩下一段其灭绝后录制的模仿音，来自一位曾用这种鸟鸣声诱捕兼嘴垂耳鸦的捕鸟人。

放轻脚步

我们这个星球所面临的最严重的威胁，
是大家都相信别人会去拯救它。
——极地探险家罗伯特·斯旺

每一天，我们每一个人都在对地球产生影响。我们的选择至关重要。联合国政府间气候变化专门委员会（IPCC）在21世纪早些时候做出的预判正在成为现实，而且比预料中更快。要想将全球气温相较于工业革命前的上升幅度控制在1.5℃以内，我们所有人都需要改变自己的生活方式。

一个健康的星球有益于本书里的物种，也有益于我们自身。下面是我们力所能及的、最有效也最简单的保护地球的做法。

我们可以建立以植物为主的膳食结构。77%的农业用地被用于饲养牲畜，但牲畜只为我们提供了37%的蛋白质和18%的卡路里。提高饮食中植物的比例，有助于阻止人们为开垦牧场而砍伐森林、为制造牲畜饲料而种植农作物。不受人类干扰的土地能从大气层中吸收更多二氧化碳。

我们可以减少食物浪费。全球生产的食物中有1/3被白白浪费掉了。如果能减少浪费，我们就可以用更少的土地养活更多的人。食物浪费产生的温室气体占全球排放的近10%。通过减少浪费、建立以植物为主的膳食结构而解放的土地可以重新成为濒危物种的栖息地，或者用来创造更广阔的荒野。

我们可以过更轻简的生活。研究显示，一旦我们的基本需求得到满足，更多财富所增加的幸福感会逐渐递减。我们不需要那么多身外之物来享受生活。除了“买多少”，“买什么”也很重要。仅生产1件棉质T恤所消耗的水量就相当于一个人3年所饮用的水量；如果全世界都按英国的速度消费商品，那我们恐怕还需要再多1.5个地球。

我们可以减少飞行里程。一次从伦敦到爱丁堡的返程航班所排放的二氧化碳比乌干达的人均年排放量还要多。我们可以购买当季食品，而不是将食物空运过来。

我们可以放眼未来。史前森林中的碳——石油、天然气和煤炭——必须留在地下。作为替代，我们可以利用风、潮汐和海浪。在太阳每天免费提供的能量中，我们只需其中一小部分便绰绰有余。要响应这些利用自然能源、减轻我们对地球践踏的倡议，机会比比皆是。

我们可以要求改变。我们的购买行为就是施加压力的手段。我们所做的选择可以影响企业和政府。国际货币基金组织的报告称，全球 85% 的政府补贴流向了煤炭开采和石油天然气钻探。政府也为过度捕捞提供补贴。我们可以从给地方和全国民选代表写信开始，让他们知道我们优先关注的是什么。

我们可以多穿一件衣服。我们可以调低暖气、调高空调的温度。英国近 1/3 的二氧化碳排放来自家庭消耗的能源。只要将暖气温度调低 1℃，每年就能减少 350 万吨碳排放。如果让树木来吸收这些碳，那我们需要种植面积相当于 14 个纽约的森林。

我们可以优化园艺和农耕方式。越来越多的证据表明，我们其实不需要在花园和农作物上使用这么多化学物品——这些化学物质正在毒害我们自己、土地以及为植物传粉的昆虫。有机食品的市场越大，价格就会越便宜。我们可以让荒野重现。我们可以将门前的草坪变成野花草甸。再生农业和免耕园艺能最大限度地减少对土壤的扰动，保护土里的生命，而这些生命可以提升土壤肥力，还能吸收碳。

我们可以缩小家庭规模。这是我们手中最有力的措施之一。人口数量让我们对地球的影响成倍扩大，也让个体选择汇总起来的合力更大。如果地球上的人口减少，其他挑战就会更容易应对，比如确保每个新生儿拥有洁净的空气、清洁的水源和足够的食物，不要让他们读到的动物仅仅存在于书本之中。

这些需要做出的改变让我们有机会创造一个更狂野、更美丽也更公平的世界。我们的不作为不仅将对其他物种，也将对人类自身造成严重后果，绝对不容忽视。我们即将走上一条无法回头的道路，眼下正处于千钧一发的危急时刻。一旦踏上那条路，到再回首时就会发现，此刻这些看似艰难的改变实在是举手之劳，是一份馈赠。

参考资料

以下是一小部分在我创作过程中为我提供了信息或灵感的网站、书籍和其他作品。

———

BIRDLIFE INTERNATIONAL

birdlife.org

EDGE

edgeofexistence.org

FAUNA & FLORA INTERNATIONAL

fauna-flora.org

GLOBAL TREES

globaltrees.org

IUCN

iucnredlist.org

PLANTLIFE

plantlife.org.uk

TRAFFIC

traffic.org

———

Oryx—The International Journal of Conservation

———

J.A. Baker, *The Peregrine*

Leonard Baskin (with words by Tobias Baskin, Lucretia Hosie & Lisa Baskin), *Hosie's Aviary*

Paul Gallico, *The Snow Goose*

Jean Giono (wood engravings by Michael McCurdy), *The Man Who Planted Trees*

Dave Goulson, *Silent Earth: Averting the Insect Apocalypse*

Paul Hawken (edited by), *Drawdown: The Most Comprehensive Plan Ever Proposed to Reverse Global Warming*

Laurie Lee, *Village Christmas: And Other Notes on the English Year*

Michael McCarthy, *Say Goodbye to the Cuckoo*

Mary Oliver, *Devotions: The Selected Poems of Mary Oliver*

Mary Oliver, *Winter Hours: Prose, Prose Poems, and Poems*

Merlin Sheldrake, *Entangled Life: How Fungi Make Our Worlds, Change Our Minds and Shape Our Futures*

Isabella Tree, *Wilding: The Return of Nature to a British Farm*

Henry Williamson (illustrated by C.F. Tunnicliffe), *Tarka the Otter*

———

还有一些始终陪伴在我身旁的诗歌：

Seamus Heaney, 'Postscript'

Ted Hughes, 'Swifts'

D.H. Lawrence, 'Snake'

Mary Oliver, 'Lead'

致 谢

我要特别感谢约翰·范肖审读这份手稿，也感谢他给予我的所有鼓励。我非常感激他为我提供了成为剑桥保护倡议组织驻地艺术家的机会，这让我得以结识许多致力于保护野生动植物的人，他们的付出令我自愧不如，却又给了我无限灵感。在那里，我遇到了已故的托尼·惠顿，我将始终铭记他对那些往往为人忽视的物种的关心和努力。我还要感谢克雷格·希尔顿 – 泰勒忙里得闲，指导我研究 IUCN 红色名录。

感谢所有为本书提供知识的人，感谢你们付出的时间，感谢你们分享自己的专业知识：安东尼·安布罗斯、安吉·巴比特、哈里·布鲁克、马库斯·伯恩、阿达尔韦托·布尔奎斯、约翰·E. 布里顿、詹姆斯·克拉克、约翰·克罗克索尔、史蒂文·福尔克、芭芭拉·格特舍、马特·戈茨、戴夫·顾尔森、彼得·格兰特、威尔·霍克斯、布莱恩·海尔斯、马克·琼斯、莱肯·乔达尔、安德鲁·克尔、克里斯蒂娜·洛佩斯 – 加列戈、格雷格·米勒、尼古拉·纳尔逊、贝丝·纽曼、戴维·奥布拉、霍华德·里基茨、马林·里弗斯、米歇尔·萨托里、珍妮特·斯科特、伦德特 – 扬·范·德·恩特和 I. 盖德·尼奥曼·贝尤·韦拉尤达。

我在动物和艺术探索的环绕中长大。为此，我想感谢徐艺晴（音）和已故的哈里·罗杰斯对我的教导，让我了解大自然；感谢我的母亲和姐妹们，还有罗伯特·斯托布里奇、约翰·霍华德、贝姬·霍顿和阿多尔·切斯拉尔奇克，他们都是艺术家的典范。

我想感谢戴维·伍兹和弗兰克·奥布赖恩为我提供阿波罗 8 号宇航员对话的文字稿，也感谢他们允许我在本书第一章中引用其中一段对话。

感谢简·费尼根，我非常感谢她的一切支持和建议以及对这本书的信任。感谢夏·肖·斯图尔特给我写作这本书的机会，感谢她锐利的眼光，也感谢她的所有指点和耐心。还要感谢其他许多人付出的耐心：凯特·夸里的编辑工作和建议让我受益匪浅；艾利森·考恩和我一起浏览了文稿的每一页，她能敏感地捕捉到我想表达的内容，这份善意为终稿的确定提供了巨大的帮助。感谢整个布鲁姆斯伯里团队的辛勤工作。

感谢莉齐·巴兰坦的优雅设计，流畅优美地将文字和图像融为一体；感谢独木舟工作室的泰穆金·多兰耗费大量时间和精力来记录排版与印刷的过程。

我对法国西南部和英格兰西南部山谷中寂静而清朗的夜空心怀感激。

对于朋友们的关心和幽默，我想说：谢谢你们。

感谢我的姐妹们——罗丝、罗米利和弗洛拉，你们始终是我的灵感源泉。另外，我尤其想感谢我的父母詹姆斯和凯瑟琳·福歇尔，是你们的帮助、关怀、指导和爱让这本书有了问世的可能。

最后，我要感谢这本书里出现的物种，感谢它们给我的教诲，也感谢它们让这个星球成为一个更丰富、更美丽、更有趣的栖身之所。

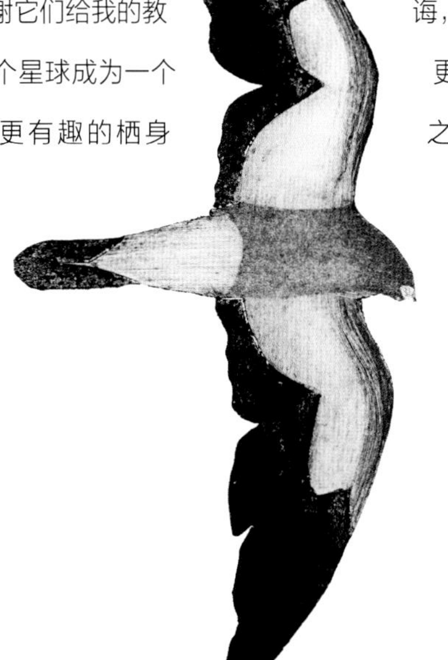

索引

G

H

I

J

K

R

S

关于作者

比阿特丽斯・福歇尔（Beatrice Forshall）出生于法国，早年在法国和加泰罗尼亚度过。儿时的她曾用硬壳纸制作小动物在当地的市集上售卖，为野生动物保护筹集资金。活跃在无数孩子想象中的大象、犀牛、蝴蝶和小鸟以及许多我们知之甚少的动物都在消失，因此，比阿特丽斯想将它们记录下来。

她在法尔茅斯艺术学院学习绘画，并在最后一学年专攻干刻版画（dry-point engraving），随后定期在英国各地举办画展。2017 年至 2019 年，比阿特丽斯担任剑桥保护倡议组织（CCI）的驻地艺术家，该组织是剑桥大学的研究人员、决策者和从业人员与世界领先的生物多样性保护组织共同创办的合作项目。她的作品已被永久收藏在剑桥保护倡议组织的总部——大卫・爱登堡楼。

迄今为止，她曾先后与世界自然保护联盟（IUCN）、国际野生物贸易研究组织（TRAFFIC）、国际鸟盟和野生动植物保护国际有过合作。

本书中的每幅画作都采用凹版印刷机印刷。制作过程十分漫长：先绘制草图，再手工雕刻、印刷、上色。比阿特丽斯所使用的雕刻材料十分脆弱，因此印数很少，极少超过 25 张，而且每张成品的颜色都有轻微的差异，有些最终画面的构图也与同系列的其他作品略有不同，因此每一张都独一无二。

图书在版编目（CIP）数据

正在消失的物种 /（英）比阿特丽斯·福歇尔（Beatrice Forshall）绘著；陈阳译. -- 北京：社会科学文献出版社，2023.1
书名原文：The Book of Vanishing Species
ISBN 978-7-5228-0772-0

Ⅰ. ①正… Ⅱ. ①比… ②陈… Ⅲ. ①濒危种－普及读物 Ⅳ. ①Q111.7-49

中国版本图书馆CIP数据核字（2022）第173663号

正在消失的物种

绘　著 / ［英］比阿特丽斯·福歇尔（Beatrice Forshall）
译　者 / 陈　阳

出 版 人 / 王利民
责任编辑 / 王　雪　杨　轩
责任印制 / 王京美

出　版 / 社会科学文献出版社（010）59367069
地址：北京市北三环中路甲29号院华龙大厦　邮编：100029
网址：www.ssap.com.cn
发　行 / 社会科学文献出版社（010）59367028
印　装 / 南京爱德印刷有限公司

规　格 / 开　本：889mm×1194mm　1/16
印　张：16　字　数：221千字
版　次 / 2023年1月第1版　2023年1月第1次印刷
书　号 / ISBN 978-7-5228-0772-0
著作权合同登记号 / 图字01-2022-5932号
定　价 / 188.00元

读者服务电话：4008918866